No Excuse!

没有任何借口

【经典版】

施伟德 著

文化发展出版社
Cultural Development Press

图书在版编目（CIP）数据

没有任何借口：经典版 / 施伟德著. — 北京：文化发展出版社，2021.4
ISBN 978-7-5142-3353-7

Ⅰ.①没… Ⅱ.①施… Ⅲ.①成功心理—通俗读物 Ⅳ.①B848.4-49

中国版本图书馆CIP数据核字（2021）第041097号

没有任何借口

施伟德著

责任编辑：	司　璐
封面设计：	田晗工作室
版式设计：	文　艺
出版发行：	文化发展出版社（北京市翠微路2号　邮编：100036）
网　　址：	www.wenhuafazhan.com
经　　销：	各地新华书店
印　　刷：	天津市新科印刷有限公司
开　　本：	889mm×1194mm　32开
字　　数：	100千字
印　　张：	5.5
版 印 次：	2021年4月第1版　2022年4月第2次印刷
定　　价：	28.00元
Ｉ Ｓ Ｂ Ｎ：	978-7-5142-3353-7

版权所有　翻印必究
图书如出现印装质量问题，请致电联系调换（010-82006025）

No Excuse !

序 言

千万别找借口

在美国西点军校，有一个广为传诵的悠久传统，学员遇到军官问话时，只能有四种回答："报告长官，是""报告长官，不是""报告长官，不知道""报告长官，没有任何借口"。除此以外，不能多说一个字。

"没有任何借口"是美国西点军校200年来奉行的最重要的行为准则，是西点军校传授给每一位新生的第一个理念。它强化的是每一位学员想尽办法去完成任何一项任务，而不是为没有完成任务去寻找借口，哪怕是看似合理的借口。秉承这一理念，无数西点毕业生在人生的各个领域取得了非凡的成就。

千万别找借口！在现实生活中，我们缺少的正是那种想尽办法去完成任务，而不是去寻找任何借口的人。在他们身上，体现出一种服从、诚实的态度，一种负责、敬业的精神，一种完美的执行能力。

在工作中，我们经常能够听到的是各种各样的借口：

No Excuse !

"那个客户太挑剔了,我无法满足他。"

"我可以早到的,如果不是下雨。"

"我没有在规定的时间里把事做完,是因为……"

"我没学过。"

"我没有足够的时间。"

"现在是休息时间,半小时后你再来电话。"

"我没有那么多精力。"

"我没办法这么做。"

……

其实,在每一个借口的背后,都隐藏着丰富的潜台词,只是我们不好意思说出来,甚至我们根本就不愿说出来。借口让我们暂时逃避了困难和责任,获得了些许心理的慰藉。但是,借口的代价却无比高昂,它给我们带来的危害一点也不比其他任何恶习少。

归纳起来,我们经常听到的借口主要有以下五种表现形式。

1. 他们作决定时根本就没有征求过我的意见,所以这个不应当是我的责任。

许多借口总是把"不""不是""没有"与"我"紧密联系在一起,其潜台词就是"这事与我无关",不愿承担责任,把本应自己承担的责任推卸给别人。一个团队中,是不应该有"我"与"别人"的区别的。一个没有责任感的员工,不可能获得同事的信任和支持,也不可能获得上司的信赖和尊重。如果人人都寻找借口,无形中会提高

No Excuse !

沟通成本，削弱团队协调作战的能力。

2. 这几个星期我很忙，我尽快做。

找借口的一个直接后果就是容易让人养成拖延的坏习惯。如果细心观察，我们很容易就会发现在每个公司里都存在着这样的员工：他们每天看起来忙忙碌碌，似乎尽职尽责了，但是，他们把本应1个小时完成的工作变得需要半天的时间甚至更多。因为工作对于他们而言，只是一个接一个的任务，他们寻找各种各样的借口，拖延逃避。这样的员工会让每一个管理者头痛不已。

3. 我们以前从没那么做过或这不是我们这里的做事方式。

寻找借口的人都是因循守旧的人，他们缺乏一种创新精神和自动自发工作的能力，因此，期许他们在工作中做出创造性的成绩是徒劳的。借口会让他们躺在以前的经验、规则和思维惯性上舒服地睡大觉。

4. 我从没受过适当的培训来干这项工作。

这其实是为自己的能力或经验不足而造成的失误寻找借口，这样做显然是非常不明智的。借口只能让人逃避一时，却不可能让人如意一世。没有谁天生就能力非凡，正确的态度是正视现实，以一种积极的心态去努力学习、不断进取。

5. 我们从没想过赶上竞争对手，在许多方面人家都超出我们一大截。

No Excuse !

当人们为不思进取寻找借口时,往往会这样表白。借口给人带来的严重危害是让人消极颓废,如果养成了寻找借口的习惯,当遇到困难和挫折时,就不是积极地去想办法克服,而是去找各种各样的借口。其潜台词就是"我不行""我不可能",这种消极心态剥夺了个人成功的机会,最终让人一事无成。

优秀的员工从不在工作中寻找任何借口,他们总是把每一项工作尽力做到超出客户的预期,最大限度地满足客户提出的要求,而不是寻找各种借口推诿;他们总是出色地完成上级安排的任务,替上级解决问题;他们总是尽全力配合同事的工作,对同事的求助,从不找任何借口推托或延迟。

是的,千万别找借口!美国成功学家格兰特纳说过这样一段话:如果你有自己系鞋带的能力,你就有上天摘星的机会!让我们改变对借口的态度,把寻找借口的时间和精力用到努力工作中来。因为工作中没有借口,人生中没有借口,失败没有借口,成功也不属于那些寻找借口的人!

No Excuse!

目 录 CONTENTS

I 没有任何借口

没有任何借口 2
借口是拖延的温床 8
借口的实质是推卸责任 13
找借口，不如说"我不知道" 19
不要让借口成为习惯 22
执行，不找任何借口 26

No Excuse!

目录
CONTENTS

II 服从，行动的第一步

视服从为美德 32

说谎是最大的罪恶 37

纪律——敬业的基础 40

对立情绪要不得 44

工作中无小事 49

记住，这是你的工作！ 53

立即行动 56

目录 CONTENTS

III 工作就意味着责任

天赋责任,不容推卸 62

工作就意味着责任 67

负责任的人是成熟的人 72

真正的负责是对结果负责 75

养成承担责任的习惯 82

忠诚是无价之宝 88

忠诚是一丝不苟的责任 92

忠诚是公司的命脉 96

目录
CONTENTS

Ⅳ 做最优秀的员工

焕发崇高而伟大的岗位激情 104

多加一盎司，工作就大不一样 .. 109

只要去找，就一定有办法 112

老板心目中的优秀员工 117

做最优秀的员工 120

全力以赴 124

No Excuse!

目 录
CONTENTS

V 超越雇佣关系

工作是我们要用生命去做的事 .. 132

怀抱一颗感恩的心 136

带着热情去工作 142

选择激情,选择完美 146

自动自发地工作 151

努力工作,优劣自有评说 154

更好更强更完善 159

No Excuse !

No Excuse! Ⅰ 没有任何借口

No Excuse !

没有任何借口

*

"没有任何借口"是西点军校奉行的最重要的行为准则，它强化的是每一位学员想尽办法去完成任何一项任务，而不是为没有完成任务去寻找任何借口，哪怕看似合理的借口。

每个企业都需要安德鲁·罗文上校这样的员工。如果不是秉持着"没有任何借口"这一最重要的行为准则，把信送给加西亚将是不可想象的。

*

在西点，麦肯罗作为新生学到的第一课，是来自一位高年级学员冲着他的大声训导。他告诉麦肯罗，不管什么时候遇到学长或军官问话，只能有四种回答："报告长官，是""报告长官，不是""报告长官，没有任何借口""报告长官，我不知道"。除此之外，不能多说一个字。

学长曾问麦肯罗："你为什么不把鞋擦亮？"他

No Excuse !

说："哦，鞋脏了，我没时间擦。"这样的回答得到的只能是一顿训斥。因为军官要的只是结果，而不是喋喋不休、长篇大论的辩解！西点让学员明白这样的道理：如果你不得不带队出征，那就别找什么借口了，只需在当晚给母亲写信。如果你不得不解雇公司的数千名员工，那也没什么借口，因为你本应预见到要发生的事，并提前寻找对策。

"没有任何借口"是西点军校奉行的最重要的行为准则，它强化的是每一位学员想尽办法去完成任何一项任务，而不是为没有完成任务去寻找任何借口，哪怕看似合理的借口。其目的是为了让学员学会适应压力，培养他们不达目的不罢休的毅力。它让每一个学员懂得：工作中是没有任何借口的，失败是没有任何借口的，人生也没有任何借口。

"没有任何借口"看起来似乎很绝对、很不公平，但是人生并不是永远公平的。西点就是要让学员明白：无论遭遇什么样的环境，都必须学会对自己的一切行为负责！学员在校时只是年轻的军校学生，但是日后肩负的却是自己和其他人的生死存亡乃至整个国家的安全。在生死关头，你还能到哪里去找借口？哪怕最后找到了失败的借口又能如何？"没有任何借口"的训练，让西点学员养成了毫不畏惧的决心、坚强的毅力、完美的执行力以及在限定时间内把握每一分每一秒去完成任何一项任务的信心和信念。

No Excuse！

在西点新生的前辈学员中，有很多人都是"没有任何借口"这一理念最完美的执行者和诠释者。伟大的罗文上校是这样，如果不是秉持着"没有任何借口"这一最重要的行为准则，把信送给加西亚将是不可想象的。伟大的巴顿将军是这样。1916年，作为美国墨西哥远征军总司令潘兴将军副官的巴顿，也有过一次类似的送信的经历。巴顿将军在他的日记中写道：

有一天，潘兴将军派我去给豪兹将军送信。但我们所了解的关于豪兹将军的情报只是说他已通过普罗维登西区牧场。天黑前我赶到了牧场，碰到第7骑兵团的骡马运输队。我要了两名士兵和三匹马，顺着这个连队的车辙前进。走了不多远，又碰到了第10骑兵团的一支侦察巡逻兵。他们告诉我们不要再往前走了，因为前面的树林里到处都是维利斯塔人。我没有听，沿着峡谷继续前进。途中遇到了费切特将军（当时是少校）指挥的第7骑兵团的一支巡逻队。他们劝我们不要往前走了，因为峡谷里到处都是维利斯塔人。他们也不知道豪兹将军在哪里。但是我们继续前进，最后终于找到了豪兹将军。

西点校友莱瑞·杜瑞松上校也是这样。

莱瑞·杜瑞松在第一次奉派到外地服役的时候，有一天连长派他到营部去，交代给他7件任务：要去见一些人，要请示上级一些事；还有些东西要申请，

No Excuse !

包括地图和醋酸盐(当时醋酸盐严重缺货)。杜瑞松下定决心把7件任务都完成,虽然他并没有把握要怎么去做。果然事情并不顺利,问题就出在醋酸盐上。他滔滔不绝地向负责补给的中士说明理由,希望他能从仅有的存货中拨出一点。杜瑞松一直缠着他,到最后不知道是被杜瑞松说服了,相信醋酸盐确实有重要的用途,还是眼看没有其他办法能够摆脱杜瑞松,中士终于给了他一些醋酸盐。

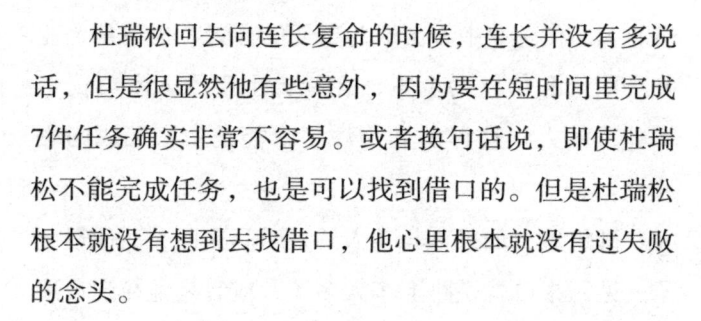

杜瑞松回去向连长复命的时候,连长并没有多说话,但是很显然他有些意外,因为要在短时间里完成7件任务确实非常不容易。或者换句话说,即使杜瑞松不能完成任务,也是可以找到借口的。但是杜瑞松根本就没有想到去找借口,他心里根本就没有过失败的念头。

但是,不幸的是,在生活和工作中,我们经常会听到这样或那样的借口。借口在我们的耳畔窃窃私语,告诉我们不能做某事或做不好某事的理由,它们好像是"理智的声音""合情合理的解释",冠冕而堂皇。上班迟到了,会有"路上堵车""手表停了""今天家里事太多"等借口;业务拓展不开、工作无业绩,会有"制度不行""政策不好"或"我已经尽力了"等借口;事情做砸了有借口,任务没完成有借口。只要有心去找,借口无处不在。做不好一件事情,完不成一

No Excuse !

项任务，有成千上万条借口在那儿响应你、声援你、支持你，抱怨、推诿、迁怒、愤世嫉俗成了最好的解脱。借口就是一块敷衍别人、原谅自己的"挡箭牌"，就是一个掩饰弱点、推卸责任的"万能器"。有多少人把宝贵的时间和精力放在了如何寻找一个合适的借口上，而忘记了自己的职责和责任啊！

　　寻找借口唯一的好处，就是把属于自己的过失掩饰掉，把应该自己承担的责任转嫁给社会或他人。这样的人，在企业中不会成为称职的员工，也不是企业可以期待和信任的员工；在社会上不是大家可信赖和尊重的人。这样的人，注定只能是一事无成的失败者。

　　试想想，如果你与某人约好时间见面，而他迟到了，见面张口就说路上车太多了，或者是他在门口迷路了等等，你会怎么想？生活中只有两种行为：要么努力地表现，要么就是不停地辩解。没有人会喜欢辩解的，那些动辄就说"我以为、我猜、我想、大概是"的人，想想吧，你们从这些话中得到了些什么？

　　当然，我们并不能解决"路上堵车"的问题，我们也不太可能等外部条件都完善了再开始工作，但就是在这种既定的环境中，就是在现有的条件下，我们同样可以把事情做到极致！我们无法改变或支配他人，但一定能改变自己对借口的态度——远离借口的羁绊，控制借口对自己的影响力，坚定完成任务的信心

No Excuse !

和决心。越是环境艰难,越是敢于承担责任,锲而不舍,坚韧不拔,就一定能消除借口这条"寄生虫"的侵扰。很多借口其实都是我们自己找来的,牵强附会。同样我们也完全可以远离、抛弃它们。

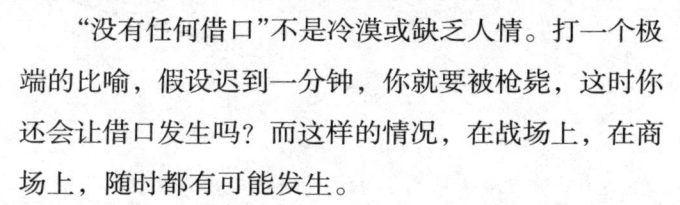

"没有任何借口"不是冷漠或缺乏人情。打一个极端的比喻,假设迟到一分钟,你就要被枪毙,这时你还会让借口发生吗?而这样的情况,在战场上,在商场上,随时都有可能发生。

"没有任何借口"还体现出一种完美的执行能力。每个企业都需要罗文这样的员工。如果上司命令把某项任务"解决了",而执行的员工却回答说:"找不到人啊,无从下手啊,不会开机器啊,没有原料啊……"最后,上司急了:"你闪开,让我来干。"这样的员工不但会被淘汰出局,这样的企业也会有生存危险的。

No Excuse !

借口是拖延的温床

*

借口是拖延的温床。习惯性的拖延者通常也是制造借口与托辞的专家。他们每当要付出劳动，或要做出抉择时，总会找出一些借口来安慰自己，总想让自己轻松些、舒服些。我相信，对那些做事拖延的人，总有各种各样借口的人，是不可能抱以太高的期望的。

*

借口是拖延的温床，习惯性的拖延者通常也是制造借口与托辞的专家。这类人无法做出承诺，只想找借口。他们总是经常为了没做某些事而制造借口，或想出千百个理由为事情未能按计划实施而辩解。这样的人是不可能成为好员工的，他们也不可能有完美成功的人生。有一位在行业内小有名气的老板说，在我的公司里，我会让这样的人统统滚蛋。

在西点军校，新学员接受的第一个观念就是，没

No Excuse！

有任何借口，不要拖延，立即行动！如果第一次你因疏忽或别的原因没有及时擦亮你的皮鞋，你以种种借口逃脱了惩罚，第二次、第三次……久而久之，至少在擦皮鞋这件事上，你可能就会养成寻找借口的习惯，而这些借口又会让你对擦皮鞋这件事无故拖延。

想想吧，如果不是擦皮鞋，而是在战场上，在修筑工事，在对敌冲锋……这样的习惯将会造成多么可怕的后果啊！

这不是把问题绝对化，其实，商场就是战场，工作就如同战斗。要想在商场上立于不败之地，就必须拥有一支高效的、能战斗的团队。任何一个经营者都知道，对那些做事拖延的人，是不可能给予太高的期望的。

今天该做的事拖到明天完成，现在该打的电话等到一两个小时后才打，这个月该完成的报表拖到下一月，这个季度该达到的进度要等到下一个季度……不知道喜欢拖延的人哪儿来的这么多的借口：工作太无聊、太辛苦，工作环境不好，老板脑筋有问题，完成期限太紧，等等。但有一点可以确定，这样的员工肯定是不努力工作的员工；至少，是没有良好工作态度的员工。他们找出种种借口来蒙混，来欺骗管理者，他们是不负责任的人。

凡事都留待明天处理的态度就是拖延，这是一种很坏的工作习惯。每当要付出劳动时，或要做出抉择

No Excuse！

时，总会为自己找出一些借口来安慰自己，总想让自己轻松些、舒服些。奇怪的是，这些经常喊累的拖延者，却可以在健身房、酒吧或购物中心流连数个小时而毫无倦意。但是，看看他们上班的模样！你是否常听他们说："天啊，真希望明天不用上班。"带着这样的念头从健身房、酒吧、购物中心回来，只会感觉工作压力越来越大。

一些组织的负责人常常纳闷，为什么有的人如此善于找借口，却无法将工作做好，这的确是一件非常奇怪的事。因为不论他们用多少方法来逃避责任，该做的事，还是得做。而拖延是一种相当累人的折磨，随着完成期限的迫近，工作的压力反而与日俱增，这会让人觉得更加疲倦不堪。

拖延的背后是人的惰性在作怪，而借口是对惰性的纵容。人们都有这样的经历，清晨闹钟将你从睡梦中惊醒，想着该起床上班了，同时却感受着被窝的温暖，一边不断地对自己说该起床了，一边又不断地给自己寻找借口"再等一会儿"，于是又躺了5分钟，甚至10分钟……

对付惰性最好的办法就是根本不让惰性出现，千万不能让自己拉开和惰性开仗的架势。往往在事情的开端，总是积极的想法在先，然后当头脑中冒出"我是不是可以……"这样的问题时，惰性就出现了，"战争"也就开始了。一旦开仗，结果就难说了。所以，

No Excuse !

要在积极的想法一出现时马上行动,让惰性没有乘虚而入的可能。

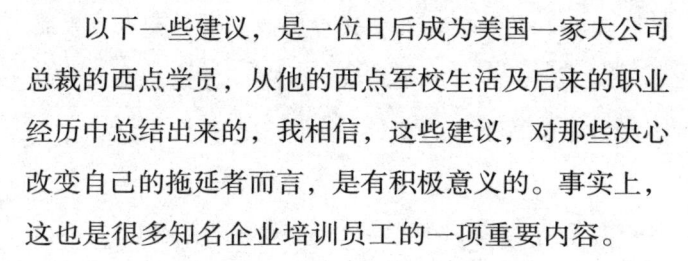

以下一些建议,是一位日后成为美国一家大公司总裁的西点学员,从他的西点军校生活及后来的职业经历中总结出来的,我相信,这些建议,对那些决心改变自己的拖延者而言,是有积极意义的。事实上,这也是很多知名企业培训员工的一项重要内容。

(1)列出你立即可做的事。从最简单、用很少的时间就可完成的事开始。

(2)每天从事一件明确的工作,而且不必等待别人的指示就能够主动去完成。

(3)运用切香肠的技巧。所谓切香肠的技巧,就是不要一次性吃完整根香肠,而是把它切成小片,一小口一小口地慢慢品尝。同样的道理也可以用在你的工作上:先把工作分成几个小部分,分别详列在纸上,然后把每一部分再细分为几个步骤,使得每一个步骤都可在一个工作日之内完成。

每次开始一个新的步骤时,不到完成,绝不离开工作区域。如果一定要中断的话,最好是在工作告一个段落时。

(4)到处寻找,每天至少找出一件对其他人有价值的事情去做,而且不期望获得报酬。

(5)每天要将养成这种主动工作习惯的价值告诉别人,至少要告诉一个人。

No Excuse !

（6）在日程表上记下所有的工作日志。

把开始日期、预定完成日期以及其间各阶段的完成期限记下来。不要忘了切香肠的原则：分成小步骤来完成。这一方面能减轻压力，另一方面还能保留推动你前进的适当压力。

有了寻找借口的恶习，做起事来往往就会不诚实。这样，你的工作必定遭人轻视，你的人品从而也会被轻视。工作是生活的一部分，粗劣的工作，就会造成粗劣的生活。做着粗劣的工作，不但使工作的效能降低，而且还会使人丧失做事的才能。

超越平庸，选择完美。这是一句值得我们每个人一生追求的格言。工作中如此，做人也如此。有无数人因为养成了轻视工作、马虎拖延的习惯，以及对手头工作敷衍了事的态度，终致一生处于社会底层，不能出人头地。

No Excuse !

借口的实质是推卸责任

*

任何借口都是推卸责任,在责任和借口之间,选择责任还是选择借口,体现了一个人的工作态度。有了问题,特别是难以解决的问题,可能让你懊恼万分。这时候,有一个基本原则可用,而且永远适用。这个原则非常简单,就是永远不放弃,永远不为自己找借口。

*

美国成功学家格兰特纳说过这样一段话:如果你有自己系鞋带的能力,你就有上天摘星的机会!一个人对待生活、工作的态度是决定他能否做好事情的关键。首先改变一下自己的心态,这是最重要的!很多人在工作中寻找各种各样的借口来为遇到的问题开脱,并且养成了习惯,这是很危险的。

在我们日常生活中,常听到这样一些借口:上班晚了,会有"路上堵车""手表停了"的借口;考试不及

No Excuse!

格，会有"出题太偏""题量太大"的借口；做生意赔了本有借口；工作、学习落后了也有借口……只要有心去找，借口总是有的。

久而久之，就会形成这样一种局面：每个人都努力寻找借口来掩盖自己的过失，推卸自己本应承担的责任。

我们经常听到的借口主要有以下几种类型：

（1）他们作决定时根本不理我说的话，所以这个不应当是我的责任。（不愿承担责任）

（2）这几个星期我很忙，我尽快做。（拖延）

（3）我们以前从没那么做过，或这不是我们这里的做事方式。（缺乏创新精神）

（4）我从没受过适当的培训来干这项工作。（不称职、缺少责任感）

（5）我们从没想赶上竞争对手，在许多方面他们都超出我们一大截。（悲观态度）

不愿承担责任，拖延，缺乏创新精神，不称职、缺少责任感，悲观态度，看看吧，那些看似冠冕堂皇的借口背后隐藏着多么可怕的东西啊！

你要经常问自己：你热爱目前的工作吗？你在周一早上是否和周五早上一样精神振奋？你和同事、朋友之间相处融洽吗？他们是你一起工作、一起游乐的伙伴吗？你对收入满意吗？你敬佩上司和理解公司的企业文化吗？你每晚是否带着满足的成就感下班回

No Excuse !

家，又同时热切地准备迎接新的一天、新的挑战、新的刺激以及各种不同的新事物？你是否对公司的产品和服务引以为豪？你觉得工作稳定、受器重又有升迁的机会吗？你个人的生活如何，圆满吗？只要你对以上任何一个问题，回答中有一个"是"字，我就要告诉你："你'可以'热爱你的工作。"（就像当年我对那些前来求助的朋友所作的建议一样）这是第一步。你可以把日子过得新奇而惬意，因为生活充满各种机会和选择。但是，你绝对没有时间尝试所有新鲜刺激的事。因此要满足你的愿望，我们得先从"你"开始。你一定要先了解自己的特点、长处，以及有哪些事是你能轻松自如就做得利落漂亮的。但记住，你不必为了做到这一点再回到学校去，或者生活上作剧烈的变动，如辞职或卷铺盖走人。符合内心需求的工作就是最合适的工作。需求是一种力量、一种渴望、一种热情。

你可能自觉地或不自觉地意识到它的存在。每个人的生命都有这么一道中心轨迹，循着这道轨迹走，你就会满足。需求会随着年龄的增长而改变，年轻时，追求的可能是光荣、显耀的日子，独立，或者在一个彼此毫无芥蒂、能够集思广益的团队里工作。然而，目前的工作不能提供这些条件，你只好在周末和朋友尽情玩乐纵酒以弥补心灵的空虚。可是往往无效，到了周一，你就会像个泄了气的皮球。我们虽然

I 没有任何借口

No Excuse！

与西点军校不同，但我们始终要有敢担负任何重任的决心和勇气。尤其是在年轻时求知和塑造自己的时期，自己要学会给自己加码，始终以行动为见证，而不是编织一些花言巧语为自己开脱。我们无需任何借口，哪里有困难，哪里有需要，我们就当义无反顾。

出现问题不是积极、主动地加以解决，而是千方百计地寻找借口，致使工作无绩效，业务荒废。借口变成了一面挡箭牌，事情一旦办砸了，就能找出一些冠冕堂皇的借口，以换得他人的理解和原谅。找到借口的好处是能把自己的过失掩盖掉，心理上得到暂时的平衡。但长此以往，因为有各种各样的借口可找，人就会疏于努力，不再想方设法争取成功，而把大量时间和精力放在如何寻找一个合适的借口上。

任何借口都是推卸责任。在责任和借口之间，选择责任还是选择借口，体现了一个人的生活和工作态度。消极的事物总是拖积极事物的后腿。我们把重物举起来，而地球引力却要将它往下拉。我们在工作的过程中，总是会遇到挫折，我们是知难而进还是为自己寻找逃避的借口？

有了问题，特别是难以解决的问题，可能让你懊恼万分。这时候，有一个基本原则可用，而且永远适用。这个原则非常简单，就是永远不放弃，永远不为自己找借口。

有一幅漫画：在一片水洼里，一只面目狰狞的水

No Excuse !

鸟正在吞噬一只青蛙。青蛙的头部和大半个身体都被水鸟吞进了嘴里,只剩下一双无力的乱蹬的腿,可是出人意料的是,青蛙却将前爪从水鸟的嘴里挣脱出来,猛然间死死地箍住水鸟细长的脖子……这幅漫画就是讲述这样的道理:无论什么时候,都不要放弃。

不要放弃,不要寻找任何借口为自己开脱。寻找解决问题的办法,是最有效的工作原则。你我都曾经一再看到这类不幸的事实:很多有目标、有理想的人,他们工作,他们奋斗,他们用心去想、去做……但是由于过程太过艰难,他们越来越倦怠、泄气,终于半途而废。到后来他们会发现,如果他们能再坚持久一点,如果他们能看得更远一点,他们就会终得正果。请记住:永远不要绝望;就是绝望了,也要再努力,从绝望中寻找希望。成为积极或消极的人在于你自己的抉择。没有人与生俱来就会表现出好的态度或不好的态度,是你自己决定要以何种态度看待环境和人生。

即使面临各种困境,你仍然可以选择用积极的态度去面对眼前的挫折。

保持一颗积极的、绝不轻易放弃的心,尽量发掘你周遭人或事物最好的一面,从中寻求正面的看法,让自己能有向前走的力量。即使终究还是失败了,也能吸取教训,把这次的失败视为朝向目标前进的踏脚石,而不要让借口成为你成功路上的绊脚石。

No Excuse！

当你为自己寻找借口的时候，你也许会愿意听听这个故事：

时间是一个漆黑、凉爽的夜晚，地点是墨西哥市，坦桑尼亚的奥运马拉松选手艾克瓦里吃力地跑进了奥运体育场，他是最后一名抵达终点的选手。

这场比赛的优胜者早就领了奖杯，庆祝胜利的典礼也早就已经结束，因此艾克瓦里一个人孤零零地抵达体育场时，整个体育场几乎空无一人。艾克瓦里的双腿沾满血污，绑着绷带，他努力地绕完体育场一圈，跑到了终点。在体育场的一个角落，享誉国际的纪录片制作人格林斯潘远远看着这一切。接着，在好奇心的驱使下，格林斯潘走了过去，问艾克瓦里，为什么要这么吃力地跑至终点。

这位来自坦桑尼亚的年轻人轻声地回答说："我的国家从两万多公里之外送我来这里，不是叫我在这场比赛中起跑的，而是派我来完成这场比赛的。"

没有任何借口，没有任何抱怨，职责就是他一切行动的准则。

"没有借口"看似冷漠，缺乏人情味，但它却可以激发一个人最大的潜能。无论你是谁，在人生中，无需任何借口，失败了也罢，做错了也罢，再妙的借口对于事情本身也没有丝毫的用处。许多人生中的失败，就是因为那些一直麻醉着我们的借口。

No Excuse !

找借口，不如说"我不知道"

*

　　任何借口都是不负责任的，它会给对方和自己带来莫大的伤害。真诚地对待自己和他人是明智和理智的行为。有些时候，为了寻找借口绞尽脑汁，不如对自己或他人说"我不知道"。

*

　　很多用人单位都曾有过这样的疑惑：不知道那些喜欢寻找借口的人是从哪里养成这种习惯的，这些借口又能给他们带来什么样的好处呢？或许是他们认为这样说会给他们的心里带来些许安慰，或许出于一种自我保护的本能，但不管怎样，有一点肯定是很清楚的，任何借口都是不负责任的，它会给对方和自己带来莫大的伤害。如果是为了敷衍别人、为自己开脱的话，那寻找借口更是不诚实的行为。

　　真诚地对待自己和他人是明智和理智的行为，有些时候，为了寻找借口绞尽脑汁，不如对自己或他人

No Excuse !

说"我不知道"。

这是诚实的表现,也是对自己和他人负责任的表现。这在某些方面恰恰是自信的表现。一个人在失去了自信的时候,容易为自己找到很多借口,这其实是一种逃避行为。

麦肯锡咨询顾问埃森·拉塞尔的一次经历很能说明问题。他说:

有一天早晨,我们的客户——一家名列《财富》500强的制造业公司召开了一个重要的项目推介会。我们的项目主管约翰和整个团队把说明情况的各个不同的部分都过了一遍。我把自己的这一部分已经过完了,前一天晚上我一直干到凌晨4点才把它整理完,当时我是筋疲力尽。当讨论转向另一个部分时(这一部分与我无关,而且我对这一部分也知之甚少),我的脑子开始抛锚了,一个劲地想睡觉。我可以听见团队的其他人在讨论不同的观点,但话从我的头脑里滑了过去,就像水从小孩的手指间流过去了一样。

突然,约翰问了我一句:"那么,艾森,你对苏茜的观点怎么看?"我一下就惊醒了。一时的惊吓和害怕妨碍了我集中精力回忆刚才所讨论的内容。多年在长春藤名校和商学院练就的反应让我回过神来,我提出了几条一般性的看法。当然,我所说的也许只能算是马后炮。

如果我告诉约翰"我没有什么把握——以前我没

No Excuse !

有看过这方面的问题"，我可能会好一点，甚至我这样说也行："对不起，我刚才思想抛锚了。"我想他会理解的，他以前一定有过同样的经历，就像在麦肯锡工作的其他人一样。相反，我却想蒙混过去，结果便是自己信口开河了。

几个星期之后，项目结束了，团队最后一次聚会。我们去了一家快餐店，吃了很多东西，喝了不少啤酒。接下来项目经理开始给团队的每一位成员分发带有开玩笑或具有幽默性质的礼物。至于我的礼物，他递给我的是一个桌上摆的小画框，上面整整齐齐地印着麦肯锡的至理名言："只管说'我不知道'。"

这是一条明智至极的建议，至今这个画框还摆在我的书桌上。

自信的人从来不为自己找借口，任何借口都表现为懦弱的一面。在西点军校，一入校每个学员就接受了类似的训练。一位在日后取得了杰出成就的西点学员说，在后来的职业生涯中，每当面对那些企图以借口为自己开脱的员工时，他总是对他们说，与其找借口，不如说"我不知道"。

No Excuse !

不要让借口成为习惯

*

借口是一种不好的习惯，一旦养成了找借口的习惯，你的工作就会拖沓、没有效率。抛弃找借口的习惯，你就不会为工作中出现的问题而沮丧，甚至你可以在工作中学会大量的解决问题的技巧，这样借口就会离你越来越远，而成功离你越来越近。

*

人的习惯是在不知不觉中养成的，是某种行为、思想、态度在脑海深处逐步成型的一个漫长的过程。因其形成不易，所以一旦某种习惯形成了，就具有很强的惯性，很难根除。它总是在潜意识里告诉你，这个事这样做，那个事那样做。在习惯的作用下，哪怕是做出了不好的事，你也会觉得是理所当然的。特别是在面对突发事件时，习惯的惯性作用就表现得更为明显。

No Excuse !

比如说寻找借口。如果在工作中以某种借口为自己的过错和应负的责任开脱，第一次可能你会沉浸在借口为自己带来的暂时的舒适和安全之中而不自知。但是，这种借口所带来的"好处"会让你第二次、第三次为自己去寻找借口，因为在你的思想里，你已经接受了这种寻找借口的行为。不幸的是，你很可能就会形成一种寻找借口的习惯。这是一种十分可怕的消极的心理习惯，它会让你的工作变得拖沓而没有效率，会让你变得消极而最终一事无成。

人的一生中会形成很多种习惯，有的是好的，有的是不好的。良好的习惯对一个人影响重大，而不好的习惯所带来的负面作用会更大。下面的五种习惯，是作为一名合格的管理者必备的习惯，它甚至是每一个员工应该具有的习惯。这些习惯并不复杂，但功效却非常显著。如果你是一位管理者，或者你希望将来成为管理者，就应该从现在做起，努力培养这些习惯。

（1）延长工作时间。许多人对这项习惯不屑一顾，认为只要自己在上班时间提高效率，没有必要再加班加点。实际上，延长工作时间的习惯对管理者的确非常重要。

作为一名管理者，你不仅要将本职的事务性工作处理得井井有条，还要应付其他突发事件，思考部门及公司的管理及发展规划等。有大量的事情不是在上

No Excuse !

班时间出现，也不是在上班时间可以解决的。这需要你根据公司的需要随时为公司工作。

上述种种情况，都需要你延长工作时间。根据不同的事情，超额工作的方式也有不同。如为了完成一个计划，可以在公司加班；为了理清管理思路，可以在周末看书和思考；为了获取信息，可以在业余时间与朋友们联络。总之，你所做的这一切，可以使你在公司更加称职。

（2）**始终表现出你对公司及产品的兴趣和热情。**你应该利用每一次机会，表现你对公司及其产品的兴趣和热情，不论是在工作时间，还是在下班后；不论是对公司员工，还是对客户及朋友。

当你向别人传播你对公司的兴趣和热情时，别人也会从你身上体会到你的自信及对公司的信心。没有人喜欢与悲观厌世的人打交道，同样，公司也不愿让对公司的发展悲观失望或无动于衷的人担任重要工作。

（3）**自愿承担艰巨的任务。**公司的每个部门和每个岗位都有自己的职责，但总有一些突发事件无法明确地划分到哪个部门或个人，而这些事情往往还都是比较紧急或重要的。如果你是一名合格的管理者，就应该从维护公司利益的角度出发，去积极处理这些事情。

如果这是一项艰巨的任务，你就更应该主动去承

No Excuse !

担。不论事情成败与否，这种迎难而上的精神也会让大家对你产生认同。另外，承担艰巨的任务是锻炼自己能力的难得的机会，长此以往，你的能力和经验会迅速提升。在完成这些艰巨任务的过程中，你有时会感到很痛苦，但痛苦却会让你变得更成熟。

（4）在工作时间避免闲谈。可能你的工作效率很高，也可能你现在工作很累，需要放松，但你一定要注意，不要在工作时间做与工作无关的事情。这些事情中最常见的就是闲谈。

在公司，并不是每个人都很清楚你当前的工作任务和工作效率，所以闲谈只能让人感觉你很懒散或很不重视工作。另外，闲谈也会影响他人的工作，引起别人的反感。

你也不要做其他与工作无关的事情，如听音乐、看报纸等。如果你没有事做，可以看看本专业的相关书籍，查找一下最新专业资料等。

（5）向有关部门提出部门或公司管理的问题和建议。养成了良好的习惯，你就不会再为工作中出现的问题而沮丧，甚至可以在工作中学会大量的解决问题的技巧，这样借口就会离你越来越远，而成功离你越来越近。千万不要让寻找借口成为你的习惯，就从现在开始，在工作中，在生活中，杜绝任何一次寻找借口的行为吧！

No Excuse！

执行，不找任何借口

*

没有任何借口是执行力的表现，无论做什么事情，都要记住自己的责任，无论在什么样的工作岗位，都要对自己的工作负责。工作就是不找任何借口地去执行。

*

一支部队、一个团队，或者是一名战士或员工，要完成上级交付的任务就必须具有强有力的执行力。接受了任务就意味着做出了承诺，而完成不了自己的承诺是不应该找任何借口的。可以说，没有任何借口是执行力的表现，这是一种很重要的思想，体现了一个人对自己的职责和使命的态度。思想影响态度，态度影响行动，一个不找任何借口的员工，肯定是一个执行力很强的员工。可以说，工作就是不找任何借口地去执行。

如果不把西点军校仅仅看做是一所陆军学校的

No Excuse！

话，我们很快就会发现，西点军校的很多训练方法和思想应用于企业特别有效。比如在西点，军官向学员下达指令时，学员必须重复一遍军官的指令，然后军官问道："有什么问题吗？"学员通常的回答只能是："没有，长官。"学员的回答就是做出承诺，就是接受了军官赋予的责任和使命。就连站军姿、行军礼等千篇一律的训练，都无一不是在培养学员的意志力、责任心和自制力。在这样的训练中，西点军校的文化慢慢渗透到了每一个学员的思想深处。它无时无刻不在激励着你，让你总是具有饱满的热情和旺盛的斗志。

喜欢足球的朋友都知道，德国国家足球队向来以作风顽强著称，因而在世界赛场上成绩斐然。德国足球成功的因素有很多，但有一点我却特别看重，那就是德国队队员在贯彻教练的意图、完成自己位置所担负的任务方面执行得非常得力，即使在比分落后或全队困难时也一如既往，没有任何借口。你可以说他们死板、机械，也可以说他们没有创造力，不懂足球艺术。但成绩说明一切，至少在这一点上，作为足球运动员，他们是优秀的，因为他们身上流淌着执行力文化的特质。无论是足球队还是企业，一个团队、一名队员或员工，如果没有完美的执行力，就算有再多的创造力也可能没有什么好的成绩。

我不是足球爱好者，我是铁杆的橄榄球迷。锋士·隆巴第，美国橄榄球运动史上一位伟大的橄榄球

No Excuse！

队教练，我是他长期的崇拜者。在锋士·隆巴第的带领下，美国绿湾橄榄球队成了美国橄榄球史上最令人惊异的球队，创造出了令人难以置信的成绩。看看锋士·隆巴第的言论，能从另一个方面让我们对执行力有更深刻的理解。

锋士·隆巴第告诉他的队员："我只要求一件事，就是胜利。如果不把目标定在非胜不可，那比赛就没有意义了。不管是打球、工作、思想，一切的一切，都应该'非胜不可'。"

"你要跟我工作，"他坚定地说，"你只可以想三件事：你自己、你的家庭和球队，按照这个先后次序。"

"比赛就是不顾一切。你要不顾一切拼命地向前冲。你不必理会任何事、任何人，接近得分线的时候，你更要不顾一切。没有东西可以阻挡你，就是战车或一堵墙，或者是对方有11个人，都不能阻挡你，你要冲过得分线！"

正是有了这种坚强的意志和顽强的信心，绿湾橄榄球队的队员们拥有了完美的执行力。在比赛中，他们的脑海里除了胜利还是胜利。对他们而言，胜利就是目标，为了目标，他们奋勇向前，锲而不舍，没有抱怨，没有畏惧，没有退缩，不找任何借口。他们是所有雇员的榜样。

巴顿将军在他的战争回忆录《我所知道的战争》中

No Excuse !

曾写到这样一个细节：

我要提拔人时常把所有的候选人排到一起，给他们提一个我想要他们解决的问题。我说："伙计们，我要在仓库后面挖一条战壕，8英尺长，3英尺宽，6英寸深。"我就告诉他们那么多。我有一个有窗户或有大节孔的仓库。候选人正在检查工具时，我走进仓库，通过窗户或节孔观察他们。我看到伙计们把锹和镐都放到仓库后面的地上。他们休息几分钟后开始议论我为什么要他们挖这么浅的战壕。他们有的说6英寸深还不够当火炮掩体。其他人争论说，这样的战壕太热或太冷。如果伙计们是军官，他们会抱怨他们不该干挖战壕这么普通的体力劳动。最后，有个伙计对别人下命令："让我们把战壕挖好后离开这里吧。那个老畜牲想用战壕干什么都没关系。"

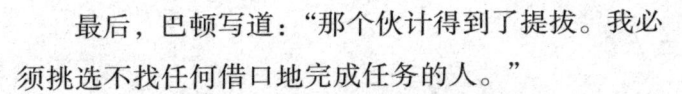

最后，巴顿写道："那个伙计得到了提拔。我必须挑选不找任何借口地完成任务的人。"

无论什么工作，都需要这种不找任何借口去执行的人。对我们而言，无论做什么事情，都要记住自己的责任，无论在什么样的工作岗位上，都要对自己的工作负责。不要用任何借口来为自己开脱或搪塞，完美的执行是不需要任何借口的。

West Point

No Excuse !

No Excuse! II 服从,行动的第一步

No Excuse!

视服从为美德

*

服从,在西点人的观念中是一种美德。每一位员工都必须服从上级的安排,就如同每一个军人都必须服从上司的指挥一样。服从是行动的第一步。一个团队,如果下属不能无条件地服从上司的命令,那么在达成共同目标时,则可能产生障碍;反之,则能发挥出超强的执行能力,使团队胜人一筹。

*

"所有学员请注意:5分钟内集合,进行午间操练。请在野战夹克里面套上作战服。"现在是上午11点55分,天气寒冷。在哈得逊河的一个河湾的上空,北风呼啸。北风穿过西点平原,冲击着美国陆军军官学校六层楼高的花岗石堡垒。

"离午间操练的集合时间还有4分钟。"营房里的新生站立着,严阵以待,计算着离规定的餐前集合还

No Excuse !

有几分钟。在营房的过道，每隔50英尺就有一座钟，看时间很方便。

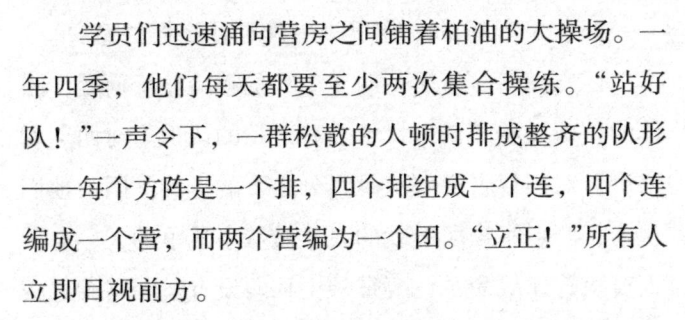

学员们迅速涌向营房之间铺着柏油的大操场。一年四季，他们每天都要至少两次集合操练。"站好队！"一声令下，一群松散的人顿时排成整齐的队形——每个方阵是一个排，四个排组成一个连，四个连编成一个营，而两个营编为一个团。"立正！"所有人立即目视前方。

这就是西点的列队。列队是西点的必修课，可以称之为点名的简单操练：从排长开始一级级向上汇报到队学员的数目。当然，列队的意义远不止于此。学员们以此种方式聚在这里，200年来天天如此。更重要的是，列队暗示了服从是第一位的：在这里，个人要服从整体，服从部队。

服从，在西点人的观念中是一种美德。在西点军校，即使是立场最自由的旁观者，都相信一个观念，那就是"不管叫你做什么都照做不误"，这样的观念就是服从的观念。西点人认为，军人职业必须以服从为第一要义，不学会服从，不养成服从观念，就不能在军队中立足。1945年6月30日，在准备装入"201档案"的巴顿将军工作能力报告时，布雷德利将军给巴顿写了一个不同寻常而又合情合理的评语："他总是乐于并且全力支持上级的计划，而不管他自己对这些计划的看法如何。"

Ⅱ 服从，行动的第一步

No Excuse !

西点人认为，服从是自制的一种形式。西点要求每一个学员都去深刻体验身为一个伟大机构的一分子——即使是很小的一分子——具有什么样的意义。

西点的每一分子，对于个人的权威止于何处，团体的权威又始于何处，都会有清楚的认识。对西点人来讲，对当权者的服从是百分之百的正确。因为他们认为，西点军校所造就的人才是从事战争的人，这种人要执行作战命令，要带领士兵向设有坚固防御之敌进攻，没有服从就不会有胜利。

威廉·拉尼德对此做了非常生动的描述："上司的命令，好似大炮发射出的炮弹，在命令面前你无理可言，必须绝对服从。"一位西点上校讲得更为精彩："我们不过是枪里的一颗子弹，枪就是美国整个社会，枪的扳机由总统和国会来扣动，是他们发射我们。"曾有人说，黑格将军之所以被尼克松看中，就是因为他的服从精神和严守纪律的品格。需要他发表意见的时候，坦而言之，尽其所能；对上司已做了决定的事情，就要坚决服从，努力执行，绝不表现自己的小聪明。

这就是西点对学员的训诫和要求。西点为什么要这样做呢？请看一看一位毕业于西点的将军给一位西点学员的父亲的信：

为什么我们让这些孩子经受四年斯巴达式的教育？他们住在冷冰冰的兵营，上午9点30分之前不能

No Excuse !

往垃圾桶里倒垃圾，水池必须始终干净，不堵塞。如此多的规定和规则，为什么？

因为一旦毕业，他们将被要求全无私心。在军队的这么多时间内，他们将要吃苦，将在圣诞节远离家庭，将在泥地上睡觉。这份工作有许许多多的东西让他们把自我利益放在次要地位——因此，必须习惯这样。

背上有痒不能抓，这能够有什么好处呢？西点学员知道，军人就是要连背痒都能忍得住。

如果一支部队里的士兵都在左摇右晃拼命抓痒，还能称得上是训练有素的部队吗？

商场如战场。服从的观念在企业界同样适用。每一位员工都必须服从上级的安排，就如同每一个军人都必须服从上司的指挥一样。大到一个国家、军队，小到一个企业、部门，其成败很大程度上就取决于是否完美地贯彻了服从的观念。

服从是行动的第一步，处在服从者的位置上，就要遵照指示做事。服从的人必须暂时放弃个人的独立自主，全心全意去遵循所属机构的价值观念。一个人在学习服从的过程中，对其机构的价值观念、运作方式才会有更透彻的了解。

当然，西点的训诫和要求是从军事指挥的角度来制定的，在企业中不能机械地照搬。而且，并不是所有上司的指令都正确，上司也会犯错误。但是，一个

No Excuse！

高效的企业必须有良好的服从观念，一个优秀的员工也必须有服从意识。因为上司的地位、责任使他有权发号施令；同时上司的权威、整体的利益，不允许部属抗令而行。一个团队，如果下属不能无条件地服从上司的命令，那么在达成共同目标时，则可能产生障碍；反之，则能发挥出超强的执行能力，使团队胜人一筹。

曾有一位著名的田径教练，每当见到运动员，便苦口婆心地劝他们把头发剪短。据说，他的理由是：问题并不在于头发的长短，而是在于他们是否服从教练。

可见，纵然不懂教练的意图，但不找借口地服从，这才是教练所期望的好选手。同样，不找借口地服从并执行，这才是企业所期望的好员工。

No Excuse !

说谎是最大的罪恶

*

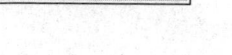

说谎话的人是不诚实的人，不诚实的人是很危险的。因为不诚实，所以不能够与人相处长久，不具有合作与团队精神，更不能实现自己幸福和成功的愿望。"不找任何借口"就是对说谎和欺骗的否定和排斥。因为"不找任何借口"，便不会为了编织借口而说谎和欺骗；而不说谎和诚实会让人变得强大而高贵。

*

西点对诚实十分重视，西点认为说谎是最大的罪恶。新学员一入学，就要接受长达16个小时的"荣誉守则"教育。西点的《荣誉守则》非常简短、直接和肯定，第一点就是不许说谎："西点学生绝不说谎、欺骗或偷窃，也不容许他人有如此行为。"除此之外，西点对说谎问题还有如下一些规定：

学员的每句话都必须是确切无疑的。他们的口头

No Excuse！

或书面陈述必须保持真实性。故意欺骗或哄骗的口头或书面陈述都是违背《荣誉守则》的。

西点认为：个人签名或姓名的首字母肯定了一种书面信息。学员在文件上签名就正式表明：就他所知，文件是真实的、准确的，否则就不会签上高贵的名字。

西点还认为：一个人不单单在军队中应该诚实可靠，在任何其他环境中也应该保持这种品格。

同时，西点还要求学员不但不能对别人说谎，也不能对自己说谎。只有这样，才是一个真正不说谎的人。

可以说，西点关于诚实和不许说谎的标准比美国国家标准还要高一层。举例来说，一个学员走在走廊上，突然碰到军官问他："你早上刮胡子了吗？"问题提得太过突然，但是他必须立刻回答，一刹那，他脑海中浮现出自己一脸泡沫的样子，于是回答说："报告长官，是。"实际上，他想起来的情景是前一天刮胡子的情景。这是无心之错，不能叫说谎。但军官还是希望他能承认错误。因为西点认为，如果一个人无须面对自己的错误，无须为自己的错误负责，将来就更有可能故意说错，这就是说谎了。而且会自圆其说，并认为这样做理所当然。

正是这样的严格要求和训练让西点的学员受益匪浅，他们在许多领域，尤其是在商界，取得了令人瞩

No Excuse!

目的成就。西点让学员们明白，只有诚实，才能长久。不为利动，没有私心，在任何情形下都言行一致的美誉，其价值比从欺骗中得来的利益大过千倍。西点关于诚实和不说谎的理论同样适用于商界，适用于企业，适用于每一位员工。

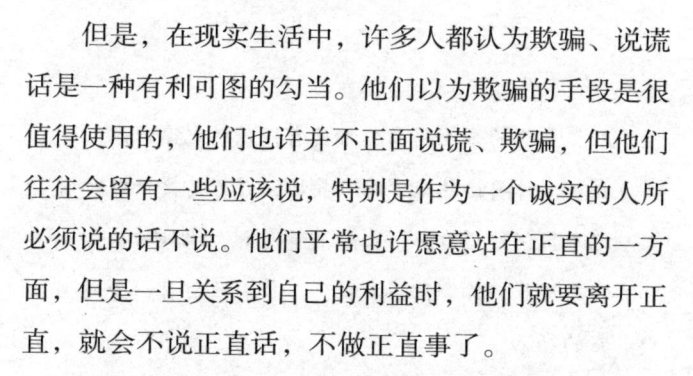

但是，在现实生活中，许多人都认为欺骗、说谎话是一种有利可图的勾当。他们以为欺骗的手段是很值得使用的，他们也许并不正面说谎、欺骗，但他们往往会留有一些应该说，特别是作为一个诚实的人所必须说的话不说。他们平常也许愿意站在正直的一方面，但是一旦关系到自己的利益时，他们就要离开正直，就会不说正直话，不做正直事了。

"不找任何借口"就是对说谎和欺骗的否定和排斥。因为"不找任何借口"，便不会为了编织借口而说谎和欺骗；而不说谎和诚实会让人变得强大而高贵。天下没有一种广告能比诚实不欺、言行可靠的美誉更能取得他人的信任。一个言行诚实的人，因为有正义公理作为后盾，所以能够毫不畏缩地面对世界。

说谎话的人是不诚实的人，不诚实的人是很危险的。因为不诚实，所以不能够与人相处长久，不具有合作与团队精神，更不能实现幸福和成功的愿望。一个经常说谎、不诚实的人会受到良心的谴责，他没有力量可以压制住这种谴责。

No Excuse !

纪律——敬业的基础

*

当你的企业和员工都具有强烈的纪律意识，在不允许妥协的地方绝不妥协，在不需要借口时绝不找任何借口——比如质量问题，比如对工作的态度等，你会猛然发现，工作因此会有一个崭新的局面。

*

一个团结协作、富有战斗力和进取心的团队，必定是一个有纪律的团队。同样，一个积极主动、忠诚敬业的员工，也必定是一个具有强烈纪律观念的员工。可以说，纪律，永远是忠诚、敬业、创造力和团队精神的基础。对企业而言，没有纪律，便没有了一切。

西点军校非常注重对学员进行纪律训练。为保障纪律锻炼的实施，西点有一整套详细的规章制度和惩罚措施。比如，如果学员违反军纪军容，校方通常惩罚他们身着军装，肩扛步枪，在校园内的一个院子内

No Excuse !

正步绕圈走，少则几个小时，多则几十个小时。关于这方面的轶事，在西点学员里随处可见。

据说，艾森豪威尔到西点不久，就因为他的自由散漫而赢得了"操场上的小鸡"的头衔。原因是艾森豪威尔经常不得不接受惩罚，像小鸡在田间来回走动一样在操场上来回走步，只是不如小鸡那样自由罢了。

纪律锻炼主要是在新生入学后的第一年完成。西点认为，通过纪律锻炼，可以迫使一个人学会在艰苦条件下怎样工作与生活。比如日常的着装训练。一会儿下令集合站队，一会儿又指令学员返回宿舍换穿白灰组合制服（即白衬衣加上灰裤子），限定在5分钟内返回原地并报告："作好检查准备。"接着班长又一次下命令，换上学员灰制服。在整个过程中，必须无条件地完成指令，不得有任何借口。

这样的训练整整持续一年，纪律观念由此深深地根植于每个人的大脑中。同时，随之而来的，却是每个人强烈的自尊心、自信心和责任感，这是一些让人受益终身的精神和品质。

著名经理人森格罗回忆道："在西点军校，我接受了关于纪律的严格训练，它帮助我成为了一名合格的陆军指挥官。在后来为企业服务的职业生涯中，我成功地把这种纪律观念灌输给我的每一个下属，它又帮助我获得了极大的成功。我发现，纪律的作用和重要性，比人们通常所想象的还要大。"

No Excuse！

当你的企业和员工都具有强烈的纪律意识，在不允许妥协的地方绝不妥协，在不需要借口时绝不找任何借口，比如质量问题，比如对工作的态度等，你会猛然发现，工作因此会有一个崭新的局面。正如伟大的巴顿将军所说：

我们不可能等到2018年再开始训练纪律性，因为德国人早就这样做了。你必须做个聪明人：动作迅速、精神高涨、自觉遵守纪律，这样才不至于在战争到来的前几天为生死而忧心忡忡。你不该在思虑后去行动，而是应该尽可能地先行动，再思考——在战争后思考。只有纪律才能使你所有的努力、所有的爱国之心不致白费。没有纪律就没有英雄，你会毫无意义地死去。有了纪律，你们才真正的不可抵挡。

对企业和员工而言，敬业、服从、协作等精神永远都比任何东西重要。但我们相信，这些品质不是员工与生俱来的，不会有谁是天生不找任何借口的好员工。所以，对他们进行培训显得尤为重要，就像西点不断要求学员的着装和仪表一样，最后是要让所有的人都明白，"纪律只有一种，这就是完善的纪律"。

还是来看看伟大的巴顿将军的例子吧。乔治·福蒂在《乔治·巴顿的集团军》中写道：

1943年3月6日，巴顿临危受命为第二军军长。他带着严格的铁的纪律驱赶第二军就像"摩西从阿拉

No Excuse！

特山上下来"一样。他开着汽车转到各个部队，深入营区。每到一个部队都要训话，诸如领带、护腿、钢盔和随身武器及每天刮胡须之类的细则都要严格执行。巴顿由此可能成为美国历史上最不受欢迎的指挥官。但是第二军发生了变化，它不由自主地变成了一支顽强、具有荣誉感和战斗力的部队……

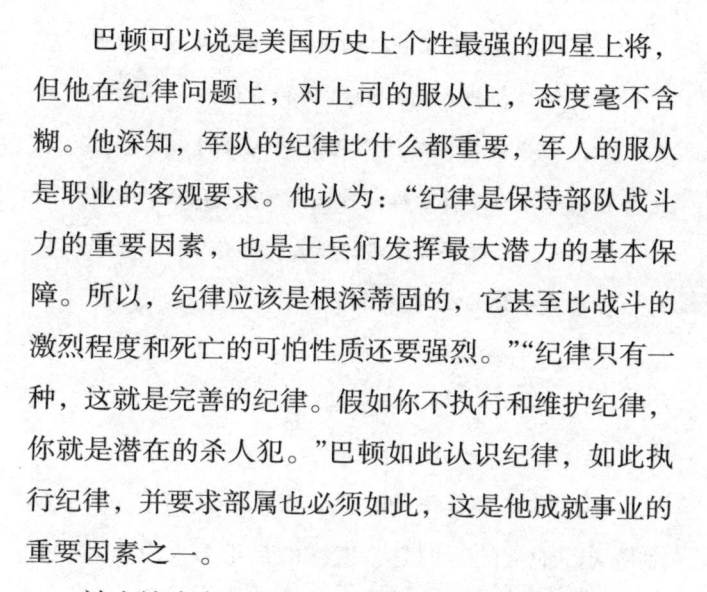

巴顿可以说是美国历史上个性最强的四星上将，但他在纪律问题上，对上司的服从上，态度毫不含糊。他深知，军队的纪律比什么都重要，军人的服从是职业的客观要求。他认为："纪律是保持部队战斗力的重要因素，也是士兵们发挥最大潜力的基本保障。所以，纪律应该是根深蒂固的，它甚至比战斗的激烈程度和死亡的可怕性质还要强烈。""纪律只有一种，这就是完善的纪律。假如你不执行和维护纪律，你就是潜在的杀人犯。"巴顿如此认识纪律，如此执行纪律，并要求部属也必须如此，这是他成就事业的重要因素之一。

被人认为有些粗鲁的巴顿并不是强硬的命令者。他从不满足于运筹帷幄和发号施令，他经常深入基层和前线考察，听取部属意见，而且身先士卒，让部队感受到统帅就在他们中间，从而愿意听从他的命令，愿意服从他的指挥。

No Excuse！

对立情绪要不得

*

只要你还是某一机构中的一员，就应当抛开任何借口，投入自己的忠诚和责任心。一荣俱荣，一损俱损！将身心彻底融入公司，尽职尽责，处处为公司着想，对投资人承担风险的勇气报以钦佩，理解管理者的压力，那么任何一个老板都会视你为公司的栋梁。

*

在这样一个竞争的时代，谋求个人利益、自我实现是天经地义的。但是，遗憾的是很多人没有意识到个性解放、自我实现与忠诚和敬业并不是对立的，而是相辅相成、缺一不可的。许多年轻人以玩世不恭的姿态对待工作，他们频繁跳槽，觉得自己工作是在出卖劳动力；他们蔑视敬业精神，嘲讽忠诚，将其视为老板盘剥、愚弄下属的手段。他们认为自己之所以工作，不过是迫于生计的需要。

No Excuse !

　　我曾为了三餐而替人工作，也曾当过老板，我知道这两方面的种种甘苦。贫穷是不好的，贫苦是不值得推介的，但并非所有的老板都是贪婪者、专横者，就像并非所有的人都是善良者一样。

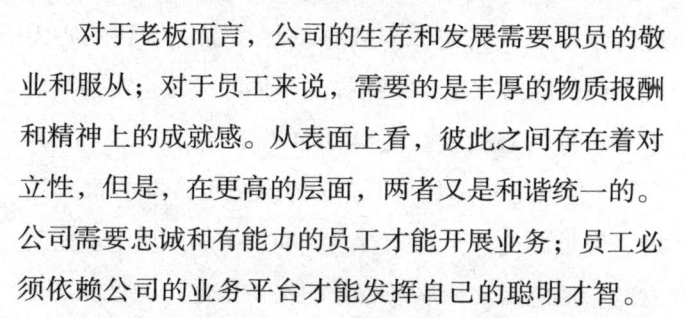

　　对于老板而言，公司的生存和发展需要职员的敬业和服从；对于员工来说，需要的是丰厚的物质报酬和精神上的成就感。从表面上看，彼此之间存在着对立性，但是，在更高的层面，两者又是和谐统一的。公司需要忠诚和有能力的员工才能开展业务；员工必须依赖公司的业务平台才能发挥自己的聪明才智。

　　为了自己的利益，每个老板只会保留那些最佳的职员，即那些能够"把信带给加西亚的人"，那些能够忠实地完成上司交付的任务而没有任何借口和抱怨的人。同样，也是为了自己的利益，每个员工都应该意识到自己与公司的利益是一致的，并且全力以赴努力去工作。只有这样，才能获得老板的信任，并最终获得自己的利益。

　　许多公司在招聘员工时，除了能力以外，个人品行是最重要的评估标准。没有品行的人不能用，也不值得培养，因为他们根本无法"把信带给加西亚"。因此，如果你为一个人工作，如果他付给你薪水，那么你就应该真诚地、负责地为他干，称赞他、感激他，支持他的立场，和他所代表的机构站在一起。

　　也许你的上司是一个心胸狭隘的人，不能理解你

No Excuse！

的真诚，不珍惜你的忠心，那么也不要因此而产生抵触情绪，将自己与公司和老板对立起来。不要太在意老板对你的评价，他们也是有缺陷的普通人，也可能因为太主观而无法对你做出客观的判断，这个时候你应该学会自我肯定。只要你竭尽所能，做到问心无愧，你的能力一定会得到提高，你的经验一定会丰富起来，你的心胸就会变得更加开阔。

"老板是靠不住的！"这种说法也许并非没有道理，但是，这并不意味着老板和员工从本质上就是对立的。情感需要依靠理智才能保持稳定。老板和员工的关系也只有建立在一种制度上才能和谐统一。在一个管理制度健全的企业中，所有升迁都是凭借个人努力得来的。想摧毁一个组织的士气，最好的方式就是制造"只有玩手段才能获得晋升"的工作气氛。管理完善的公司升迁渠道通畅，有实力的人都有公平竞争的机会，只有这样，员工才会觉得自己是公司的主人，才会觉得自己与公司完全是一体的。

因此，员工和老板是否对立，既取决于员工的心态，也取决于老板的做法。聪明的老板会给员工公平的待遇，而员工也会以自己的忠诚予以回报。如果你是老板，一定会希望员工能和自己一样，将公司当成自己的事业，更加努力，更加勤奋，更加积极主动。因此，当你的老板向你提出这样的要求时，请不要拒绝他。

No Excuse !

绝大多数人都必须在一个社会机构中打造自己的事业生涯。只要你还是某一机构中的一员，就应当抛开任何借口，投入自己的忠诚和责任心。一荣俱荣，一损俱损！将身心彻底融入公司，尽职尽责，处处为公司着想，对投资人承担风险的勇气报以钦佩，理解管理者的压力，那么任何一个老板都会视你为公司的栋梁。

有人曾说过，一个人应该永远同时从事两件工作：一件是目前所从事的工作，另一件则是真正想做的工作。如果你能将该做的工作做得和想做的工作一样认真，那么你一定会成功，因为你在为未来作准备，你正在学习一些足以超越目前职位，甚至成为老板或老板的老板的技巧。当时机成熟时，你已准备就绪了。

当你精熟了某一项工作，别陶醉于一时的成就，赶快想一想未来，想一想现在所做的事有没有改进的余地？这些都能使你在未来取得更长足的进步。尽管有些问题属于老板考虑的范畴，但是如果你考虑了，说明你正朝老板的位置迈进。

如果你是老板，你对自己今天所做的工作完全满意吗？别人对你的看法也许并不重要，真正重要的是你对自己的看法。

回顾一天的工作，扪心自问："我是否付出了全部精力和智慧？"

No Excuse！

　　以老板的心态对待公司，你就会成为一个值得信赖的人，一个老板乐于雇用的人，一个可能成为老板得力助手的人。

　　更重要的是，你能心安理得地入眠，因为你清楚自己已全力以赴，已完成了自己所设定的目标。

　　一个将企业视为己有并尽职尽责完成工作的人，他会得到工作给他的最高奖赏。这样的奖赏可能不是今天、下星期甚至明年就会兑现，但他一定会得到奖赏，只不过表现的方式不同而已。当你养成习惯，将公司的资产视为自己的资产一样爱护，你的老板和同事都会看在眼里。我相信，这样的员工在任何一家公司都是受欢迎的。

　　不要感慨自己的付出与受到的肯定和获得的报酬不成比例，不要老是觉得自己得不到理想的工资，不能获得上司的赏识。这样的情绪是产生借口的温床。记得提醒自己：你是在自己的公司里为自己做事，你的产品就是你自己。

　　对立情绪要不得，以老板的心态对待公司，这是许多大企业正在倡导的一种企业文化。试想一下，假设你是老板，你自己是那种你喜欢雇用的员工吗？

No Excuse !

工作中无小事

*

每个人所做的工作，都是由一件件小事构成的，但不能因此而对工作中的小事敷衍应付或轻视懈怠。记住，工作中无小事。所有的成功者，他们与我们都做着同样简单的小事，唯一的区别就是，他们从不认为他们所做的事是简单的小事。

*

西点的教育和后来的军旅生活告诉从西点毕业的学员们一个非常重要的道理：战场上无小事。很多时候，一件看起来微不足道的小事，或者一个毫不起眼的变化，却能改变一场战争的胜负。战场上无小事，这就要求每一位军官和士兵始终保持高度的注意力和责任心，始终具有清醒的头脑和敏锐的判断力，能够对战场上出现的每一个变化、每一件小事迅速做出准确的反应和决断。"战场上无小事"也同样适用于企

No Excuse！

业，适用于企业的每一位员工，因为，在工作中也没有小事。

希尔顿饭店的创始人、世界旅馆业之王康·尼·希尔顿就是一个注重"小事"的人。康·尼·希尔顿要求他的员工："大家牢记，万万不可把我们心里的愁云摆在脸上！无论饭店本身遭到何等的困难，希尔顿服务员脸上的微笑永远是顾客的阳光。"正是这小小的永远的微笑，让希尔顿饭店的身影遍布世界各地。

其实，每个人所做的工作，都是由一件件小事构成的。士兵每天所做的工作就是队列训练、战术操练、巡逻、擦拭枪械等小事；饭店的服务员每天的工作就是对顾客微笑、回答顾客的提问、打扫房间、整理床单等小事；你每天所做的可能就是接听电话、整理报表、绘制图纸之类的小事。你是否对此感到厌倦、毫无意义而提不起精神？你是否因此而敷衍应付，心里有了懈怠？这不能成为你的借口。请记住：这就是你的工作，而工作中无小事。要想把每一件事做到完美，就必须付出你的热情和努力。

美国标准石油公司曾经有一位小职员叫阿基勃特。他在出差住旅馆的时候，总是在自己签名的下方，写上"每桶4美元的标准石油"字样，在书信及收据上也不例外，签了名，就一定写上那几个字。他因此被同事叫做"每桶4美元"，而他的真名倒没有人叫了。

No Excuse!

公司董事长洛克菲勒知道这件事后说:"竟有职员如此努力宣扬公司的声誉,我要见见他。"于是邀请阿基勃特共进晚餐。

后来,洛克菲勒卸任,阿基勃特成了第二任董事长。

在签名的时候署上"每桶4美元的标准石油",这算不算小事?严格说来,这件小事还不在阿基勃特的工作范围之内。但阿基勃特做了,并坚持把这件小事做到了极致。那些嘲笑他的人中,肯定有不少人才华、能力在他之上,可是最后,只有他成了董事长。

还有一些人因为事小而不愿去做,或抱有一种轻视的态度。有这么一个故事,据说,在开学第一天,苏格拉底对他的学生们说:"今天咱们只做一件事,每个人尽量把胳臂往前甩,然后再往后甩。"说着,他做了一遍示范。

"从今天开始,每天做300下,大家能做到吗?"学生们都笑了,这么简单的事,谁做不到?可是一年之后,苏格拉底再问的时候,全班却只有一个学生坚持下来。这个人就是后来的大哲学家柏拉图。

"这么简单的事,谁做不到?"这正是许多人的心态。但是,请看看吧,所有的成功者,他们与我们都做着同样简单的小事,唯一的区别就是,他们从不认为他们所做的事是简单的小事。

成功不是偶然的,有些看起来很偶然的成功,实

No Excuse !

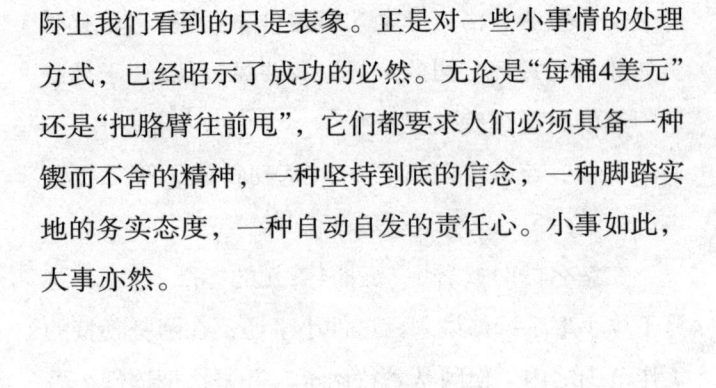

际上我们看到的只是表象。正是对一些小事情的处理方式,已经昭示了成功的必然。无论是"每桶4美元"还是"把胳臂往前甩",它们都要求人们必须具备一种锲而不舍的精神,一种坚持到底的信念,一种脚踏实地的务实态度,一种自动自发的责任心。小事如此,大事亦然。

No Excuse !

记住，这是你的工作！

*

记住，这是你的工作！既然你选择了这个职业，选择了这个岗位，就必须接受它的全部，而不是仅仅只享受它给你带来的益处和快乐。就算是屈辱和责骂，那也是这个工作的一部分。如果说一个清洁工人不能忍受垃圾的气味，他能成为一个合格的清洁工吗？

*

美国独立企业联盟主席杰克·法里斯曾讲起他少年时的一段经历。

在杰克·法里斯13岁时，他开始在他父母的加油站工作。那个加油站里有三个加油泵、两条修车地沟和一间打蜡房。法里斯想学修车，但他父亲让他在前台接待顾客。

当有汽车开进来时，法里斯必须在车子停稳前就站到司机门前，然后忙着去检查油量、蓄电池、传动

No Excuse !

带、胶皮管和水箱。法里斯注意到，如果他干得好的话，顾客大多还会再来。于是，法里斯总是多干一些，帮助顾客擦去车身、挡风玻璃和车灯上的污渍。

有段时间，每周都有一位老太太开着她的车来清洗和打蜡。这辆车的车内地板凹陷极深，很难打扫。而且，这位老太太极难打交道，每次当法里斯给她把车准备好时，她都要再仔细检查一遍，让法里斯重新打扫，直到清除掉每一缕棉绒和灰尘她才满意。

终于，有一次，法里斯实在忍受不了了，他不愿意再侍候她了。法里斯回忆道，他的父亲告诫他说："孩子，记住，这是你的工作！不管顾客说什么或做什么，你都要记住做好你的工作，并以应有的礼貌去对待顾客。"

父亲的话让法里斯深受震动，法里斯说道："正是在加油站的工作使我学到了严格的职业道德和应该如何对待顾客。这些东西在我以后的职业经历中起到了非常重要的作用。"

"记住，这是你的工作！"应该把这句话告诉给每一个员工。

对那些在工作中推三阻四，老是抱怨，寻找种种借口为自己开脱的人；对那些不能最大限度地满足顾客的要求，不想尽力超出客户预期提供服务的人；对那些没有激情，总是推卸责任，不知道自我批判的人；对那些不能优秀地完成上级交付的任务，不能按

No Excuse !

期完成自己的本职工作的人；对那些总是挑三拣四，对自己的公司、老板、工作这不满意，那不满意的人；最好的救治良药就是，端正他的坐姿，然后面对他，大声而坚定地告诉他："记住，这是你的工作！"

记住，这是你的工作！既然你选择了这个职业，选择了这个岗位，就必须接受它的全部，而不是仅仅只享受它给你带来的益处和快乐。就算是屈辱和责骂，那也是这个工作的一部分。

如果说一个清洁工人不能忍受垃圾的气味，他能成为一个合格的清洁工吗？

记住，这是你的工作！不要忘记工作赋予你的荣誉，不要忘记你的责任，不要忘记你的使命。一个轻视工作的人，他必将受到严厉的惩罚。

记住，这是你的工作！美国前教育部长威廉·贝内特曾说："工作是需要我们用生命去做的事。"对于工作，我们又怎能去懈怠它、轻视它、践踏它呢？我们应该怀着感激和敬畏的心情，尽自己的最大努力，把它做到完美。

除非你不想干了，或你已垂垂暮年，否则，你没有理由不认真对待自己的工作。当我们在工作中遇到困难时，当我们试图以种种借口来为自己开脱时，让这句话来唤醒你沉睡的意识吧：记住，这是你的工作！

No Excuse !

立即行动

*

对一个勤奋的艺术家来说，若他不想让任何一个想法溜掉，那么当他产生了新的灵感时，他会立即把它记下来——即使是在深夜，他也会这样做。他的这个习惯十分自然、毫不费力。一个优秀的员工其实就是一个艺术家，他对工作的热爱，立即行动的习惯，就像艺术家记录自己的灵感一样自然。

*

寻找借口的一个直接后果就是拖延，而拖延是最具破坏性、最危险的恶习，它使你丧失了主动的进取心。可悲的是，拖延的恶习也有累积性，唯一的解决良方，很明显，正是——行动。

做事拖延的员工决不是称职的员工。如果你存心拖延逃避，你就能找出成打的借口来辩解为什么事情不可能完成或做不了，而为什么事情该做的理由却少

No Excuse !

之又少。把"事情太困难、太昂贵、太花时间"种种借口合理化，要比相信"只要我们够努力、够聪明、衷心期盼，就能完成任何事"容易得多。我们不愿许下承诺，只想找个借口。如果你发现自己经常为了没做某些事而制造借口，或是想出千百个理由来为没能如期实现计划而辩解，那么现在正是该面对现实好好检讨的时候了，别再解释，动手去做吧！

富兰克林说："把握今日等于拥有两倍的明日。"将今天该做的事拖延到明天，而即使到了明天也无法做好的人，占了大约一半以上。应该今日事今日毕，否则可能无法做大事，也不太可能成功。所以应该经常抱着"必须把握今日去做完它，一点也不可懒惰"的想法去努力才行。歌德说："把握住现在的瞬间，从现在开始做起。只有勇敢的人身上才会赋有天才、能力和魅力。因此，只要做下去就好，在做的过程当中，你的心态就会越来越成熟。能够有开始的话，那么不久之后你的工作就可以顺利完成了。"

有些人在开始工作时会产生不高兴的情绪，如果能把不高兴的心情压抑下来，心态就会愈来愈成熟。而当情况好转时，就会认真地去做，这时候就已经没有什么好怕的了，而工作完成的日子也就会愈来愈近。总之一句话，必须现在就马上开始去做才是最好的方法。哪怕只是一天或一个小时的时光，也不可白白浪费。这才是真正积极主动的工作态度。

No Excuse !

有一种员工是典型的完美主义者，他们觉得没有人能做得比他们好，所以不懂得授权给别人。他们认为自己比别人都行，因此也拒绝别人的建议，不要求任何协助。他们会无限地延长工作完成的时间，因为他们需要多一点时间让它更完美，而忽视别人的需要。他们以为只要他们一直在做事，就表示还没有完成；只要还没有完成，他们就可以避免别人的批评。完美主义让他们觉得，即使他们什么事都没做，也还是比别人优越。

如果你正受到怠惰的钳制，那么不妨就从碰见的任何一件事着手。是什么事并不重要，重要的是你突破了无所事事的恶习。从另一个角度来说，如果你想规避某项杂务，那么你就应该从这项杂务着手，立即进行。否则，事情还是会不断地困扰你，使你觉得烦琐无趣而不愿意动手。

假如你应该打一个电话给客户，但由于拖延的习惯，你没有打这个电话。你的工作可能因这个电话而延误，你的公司也可能因这个电话而蒙受损失。

为了按时上班，假定你把闹钟定在早晨6点。然而，当闹钟闹响时，你睡意仍浓，于是起身关掉闹钟，又回到床上去睡。久而久之，你会养成早晨不按时起床的习惯，同时，你又会为上班迟到而寻找借口。

一个勤奋的艺术家为了不让任何一个想法溜掉，

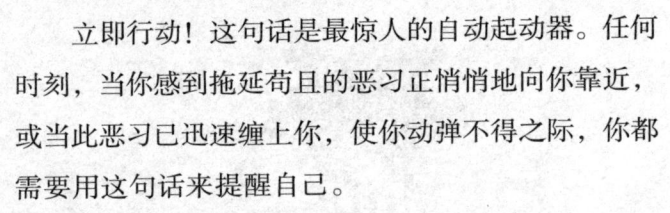

No Excuse！

当他产生了新的灵感时，他会立即把它记下来——即使是在深夜，他也会这样做。他的这个习惯十分自然、毫不费力。一个优秀的员工其实就是一个艺术家，他对工作的热爱，立即行动的习惯，就像艺术家记录自己的灵感一样自然。

立即行动！这句话是最惊人的自动起动器。任何时刻，当你感到拖延苟且的恶习正悄悄地向你靠近，或当此恶习已迅速缠上你，使你动弹不得之际，你都需要用这句话来提醒自己。

No Excuse !

No Excuse！ **III** 工作就意味着
责任

No Excuse!

天赋责任，不容推卸

*

第一个到西点军校访问的地方大学历史教授莫顿·杰伊·卢瓦斯曾感慨万千地说："西点人对待自己工作的那种强烈的责任感是无价之宝。"这位教授通过长时间考察发现，同西点人一起工作，使人精神振奋。正是责任，使西点人在困难时能够坚持，永不绝望，永不放弃；责任使西点人对自己的职责忘我地坚守，尽力出色地完成。

*

我们生活在这个世上，每个人都对自己和他人负有责任。责任的范围是无限的，它存在于生活的每个角落。我们无法选择富有或贫穷，无法选择幸福或不幸，但是我们可以选择在生活中履行自己的责任。以全部的代价和最大的风险来服从责任，这是文明生活达到最高层次后的人的行为。

No Excuse !

人生的责任不可推卸，我们必须服从职责的召唤，直至生命结束。从最纯粹的意义来说，责任具有的某种强制性，使得人们在履行时永远用不着去犹豫。责任无处不在，履行时不应去考虑是否会有任何自我牺牲。

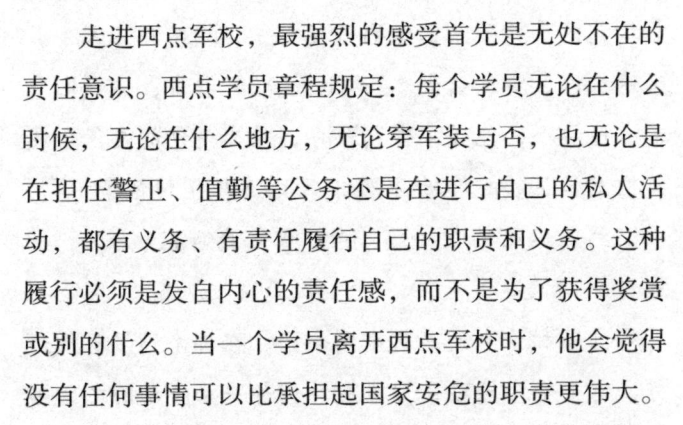

走进西点军校，最强烈的感受首先是无处不在的责任意识。西点学员章程规定：每个学员无论在什么时候，无论在什么地方，无论穿军装与否，也无论是在担任警卫、值勤等公务还是在进行自己的私人活动，都有义务、有责任履行自己的职责和义务。这种履行必须是发自内心的责任感，而不是为了获得奖赏或别的什么。当一个学员离开西点军校时，他会觉得没有任何事情可以比承担起国家安危的职责更伟大。

第一个到西点军校访问的地方大学历史教授莫顿·杰伊·卢瓦斯曾感慨万千地说："西点人对待自己工作的那种强烈的责任感是无价之宝。"这位教授通过长时间考察发现，同西点人一起工作，使人精神振奋。正是责任，使西点人在困难时能够坚持，永不绝望，永不放弃；责任使西点人对自己的职责忘我地坚守，尽力出色地完成。

西点人都知道这样一个故事：

一个漆黑的大雪天，中士约翰正匆匆忙忙地往家赶。当他经过公园的时候，一个人拦住了他。"对不起，打扰了，先生，您是位军人吗？"看起来，这个

No Excuse !

人很焦急。约翰不知道发生了什么:"噢,当然,能够为您做些什么吗?"

"是这样的,刚才我经过公园的时候,听到一个孩子在哭,我问他为什么不回家,他说,他是士兵,他在站岗,没有命令他不能离开这里。谁知道和他一起玩儿的那些孩子都跑到哪里去了,大概都回家了。天这么黑,雪这么大。"这个人说,"我说,你也回家吧,他说不,他必须得到命令,站岗是他的责任。我怎么劝他回去,他也不听,只好请先生帮忙了。"

约翰的心为之一震,"好吧,我可以这么做。"他说。

约翰和这个人一起来到公园,在那个不显眼的地方,有一个小男孩在那里哭,但却一动不动的。约翰走过去,敬了一个军礼,然后说:"下士先生,我是中士约翰·格林,你为什么站在这里?"

"报告中士先生,我在站岗。"小孩停止了哭泣,回答说。

"天这么黑,雪这么大,为什么不回家?"约翰问。

"报告中士先生,这是我的责任,我不能离开这里,因为我还没有得到命令。"小孩回答。

"那好,我是中士,我命令你回家,立刻。"约翰的心又为之震了一下。

"是,中士先生。"小孩高兴地说,然后还向约翰敬了一个不太标准的军礼,撒腿就跑了。

No Excuse！

约翰先生和这位陌生人对视了很久，最后，约翰先生说："他值得我们学习。"

我们这个世界需要的正是这样一种深深的责任感。我们不仅对自己负有责任，我们还对别人负有责任。天赋责任，不容推卸，正是责任把所有的人连结在一起，任何一个人对责任的懈怠都会导致恶果。

在任何企业中，每一个人都承担着一定的责任，不要以为自己只是一名普通的员工，其实你能否担当起你的责任，对整个企业而言，同样有很大的意义。

你会因为具有责任感而被雇用。你能够培养和锻炼自己的责任感。你可以锻炼自己的技能、理解力和态度，使得自己能够像一个负责任的人那样行动。

每一个老板都清楚他自己最需要什么样的员工，如果你常常趁经理不注意时偷偷地开小差，总是为不能按时完成任务寻找借口，或者将本来属于自己的工作推托给其他的同事，并总是认为别人比自己干得少；抑或当老板布置一项任务时，你不停地提出这项任务有多艰巨……你一定是一个极其糟糕的员工，不但老板想开除你，你自己也必然对自己丧失信心，因为放弃责任，也就放弃了一种积极向上的生活。社会学家戴维斯说："放弃了自己对社会的责任，就意味着放弃了自身在这个社会中更好地生存的机会。放弃承担责任，或者蔑视自身的责任，这就等于在可以自

No Excuse！

由通行的路上自设路障，摔跤绊倒的也只能是自己。"

其实，对责任感的推崇，绝非限于军校，富有强烈责任感的人受到全社会的尊重。马拉松比赛的设立，就是为了纪念以生命捍卫责任的希腊士兵菲迪皮茨。公元前490年，希腊和波斯在马拉松平原上展开了一次激烈的战斗，希腊士兵打败了前来侵略的波斯人。将军命令士兵菲迪皮茨要在最短的时间内将捷报送到雅典，以激励身陷困顿的雅典人。菲迪皮茨接到命令后从马拉松平原不停顿地跑回雅典（全程约40公里），当他跑到雅典把胜利的消息带去的时候，自己却累死了。后来，希腊人为了纪念这位英雄的士兵，1896年在希腊雅典举办的近代第一届奥林匹克运动会上，就用这个距离作为一个竞赛项目，用以纪念这位士兵，也为了激励那些勇于承担责任、坚持完成任务的人。

责任是对人生义务的勇敢担当，责任也是对生活的积极接受。天赋责任，我们必须承担。当然，肩负责任是有压力的，然而，对承担责任的回报将是自信、被尊重和有力量的感觉。当一个人能够意识到自己的责任时，他又在完善自己的路上迈出了一大步。作为一名企业员工，责任意味着做好企业赋予你的任何有意义的事情。

No Excuse !

工作就意味着责任

*

没有责任感的军官不是合格的军官,没有责任感的员工不是优秀的员工。责任感是简单而无价的。工作就意味着责任,责任意识会让我们表现得更加卓越。

*

西点认为,没有责任感的军官不是合格的军官。同样,对一个企业来说没有责任感的员工不是优秀的员工,对一个国家来说没有责任感的公民不是好公民。在任何时候,责任感对自己、对国家、对社会都不可或缺。正是这样严格的要求,让每一个从西点毕业的学员获益匪浅。

西点认为,一个人要成为一个好军人,就必须遵守纪律,有自尊心,对他的部队和国家感到自豪,对他的同志们和上级有高度的责任感,对自己表现出的能力有自信。我认为,这样的要求,对每一个企业的

No Excuse！

员工同样适用。

要将责任根植于内心，让它成为我们脑海中一种强烈的意识，在日常行为和工作中，这种责任意识会让我们表现得更加卓越。我们经常可以见到这样的员工，他们在谈到自己的公司时，使用的代名词通常都是"他们"而不是"我们"，"他们业务部怎么怎么样"，"他们财务部怎么怎么样"，这是一种缺乏责任感的典型表现，这样的员工至少没有一种"我们就是整个机构"的认同感。

责任感是不容易获得的，原因就在于它是由许多小事构成的。但是最基本的是认真做好每一件事，无论多小的事，都能够比以往任何人做得都好。比如说，该到上班时间了，可外面阴冷地下着雨，而被窝里又那么舒服，你还未清醒的责任感让你在床上多躺了两分钟，你一定会问自己：你尽到职责了吗？还没有……除非你的责任感真的没有发芽，你才会欺骗自己。对自己的慈悲就是对责任的侵害，必须去战胜它。

责任感是简单而无价的。据说美国前总统杜鲁门的桌子上摆着一个牌子，上面写着：Book of stop here（问题到此为止）。他桌子上是否有这样一个牌子，我不能去求证，但我想告诉大家的是，这就是责任。如果在工作中，对待每一件事都是"Book of stop here"，我敢说，这样的公司将让所有人为之震惊，这样的员

No Excuse !

工将赢得足够的尊敬和荣誉。

有一个替人割草打工的男孩打电话给布朗太太说:"您需不需要割草?"布朗太太回答说:"不需要了,我已有了割草工。"男孩又说:"我会帮您拔掉草丛中的杂草。"布朗太太回答:"我的割草工已做了。"男孩又说:"我会帮您把草与走道的四周割齐。"布朗太太说:"我请的那人也已做了,谢谢你,我不需要新的割草工人。"男孩便挂了电话。此时男孩的室友问他说:"你不是就在布朗太太那儿割草打工吗?为什么还要打这个电话?"男孩说:"我只是想知道我究竟做得好不好!"

多问自己"我做得如何",这就是责任。

还有一个美国作家的例子。有一次,一个小伙子向一位作家自荐,想做他的抄写员。小伙子看起来对抄写工作是完全胜任的。条件谈妥之后,他就让那个小伙子坐下来开始工作,但是小伙子却朝外边看了看教堂上的钟,然后心急火燎地对他说:"我现在不能待在这里,我要去吃饭。"于是作家说:"噢,你必须去吃饭,你必须去!你就一直为了今天你等着去吃的那顿饭祈祷吧,我们两个永远都不可能在一起工作了。"作家说那个小伙子曾对他说过,自己因为得不到雇佣而感到特别沮丧,但是当他有了一点点起色的时候却只想着提前去吃饭,而把自己说过的话和应承担的责任忘得一干二净。

No Excuse！

工作就意味着责任。在这个世界上，没有不须承担责任的工作，相反，你的职位越高、权力越大，你肩负的责任就越重。不要害怕承担责任，要立下决心，你一定可以承担任何正常职业生涯中的责任，你一定可以比前人完成得更出色。

世界上最愚蠢的事情就是推卸眼前的责任，认为等到以后准备好了、条件成熟了再去承担才好。在需要你承担重大责任的时候，马上就去承担它，这就是最好的准备。如果不习惯这样去做，即使等到条件成熟了以后，你也不可能承担起重大的责任，你也不可能做好任何重要的事情。

每个人都肩负着责任，对工作、对家庭、对亲人、对朋友，我们都有一定的责任，正因为存在这样或那样的责任，才能对自己的行为有所约束。寻找借口就是将应该承担的责任转嫁给社会或他人。而一旦我们有了寻找借口的习惯，那么我们的责任之心也将随着借口烟消云散。没有什么不可能的事情，只要我们不把借口放在我们的面前，就能够做好一切，就能完全地尽职尽责。

借口让我们忘却责任。事实上，人通常比自己认为的更好。当他改变自己心意的时候，并不需要去增进他所拥有的技能。他只需要把已有的技能与天赋运用出来就行。这样，他才能够不断地树立起责任心，把借口抛弃掉。

No Excuse !

千万不要自以为是而忘记了自己的责任。对于这种人,巴顿将军的名言是:"自以为了不起的人一文不值。遇到这种军官,我会马上调换他的职务。每个人都必须心甘情愿为完成任务而献身。""一个人一旦自以为了不起,就会想着远离前线作战。这种人是地道的胆小鬼。"

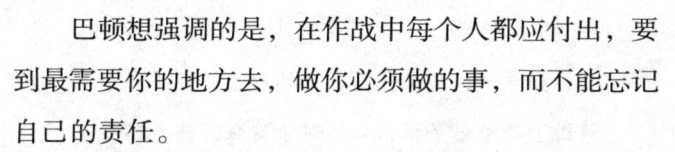

巴顿想强调的是,在作战中每个人都应付出,要到最需要你的地方去,做你必须做的事,而不能忘记自己的责任。

千万不要利用自己的功绩或手中的权利来掩饰错误,从而忘却自己应承担的责任。人们习惯于为自己的过失寻找种种借口,以为这样就可以逃脱惩罚。正确的做法是,承认它们,解释它们,并为它们道歉。最重要的是利用它们,要让人们看到你如何承担责任和如何从错误中吸取教训。这不仅仅是一种对待工作的态度,这样的员工也会被每一个主管所欣赏。

No Excuse !

负责任的人是成熟的人

*

负责任、尽义务是成熟的标志。几乎每个人做错了事都会寻找借口。对于责任，谁也不想主动去承担，而对于获益颇丰的好事，邀功领赏者不乏其人。负责任的人是成熟的人，他们对自己的言行负责，他们把握自己的行为，做自我的主宰。每一个成熟的企业，都应该教育自己的员工增强责任感，就像培养他们其他优良品质一样。

*

"回应"就是"答复"，相应地，"有所回应的"就是"有所答复的"，就是"负责任的"。不负责任的行为就是不成熟的行为。负责任、尽义务是成熟的标志。我们努力教育孩子成长为负责任的人，就是在帮助他们走向成熟。詹姆斯·麦迪逊独具慧眼，在《联邦主义者文集》第63节中给"责任"作了明确的界定："责任必须限定在责任承担者的能力范围之内才合乎情理，而

No Excuse !

且必须与这种能力的有效运用程度相关。"不成熟的人还不完全具有承担责任的能力。

这是一个不言自明的道理：世上的事都是由某些人去做的，这些人有能力去完成它。我们必须独自承担或与他人共同承担的责任依社会结构和政治体制而变更，但唯有一点不会改变：越是成熟，责任越重。伊甸园中的亚当被发现偷吃禁果之后，把责任推给了夏娃，这是不成熟的表现。夏娃随之又开罪于骗人的毒蛇，这也是欠成熟之举。当兄弟或伙伴们被叫到一起承认错误时，"是她（他）叫我干的"就成为亘古不变的托词。

事情还远不止于此。这种无意中流露出的不成熟通常会延续到成年时代。几乎每个人做错了事都会寻找借口。在华盛顿，政客们都习惯于用"发生了错误"这种话来逃避谴责。对于责任，谁也没有主动去承担，而对于获益颇丰的好事，邀功领赏者不乏其人，尽管许多从事公益事业的人们都熟知一句格言：只要你并不关心谁将受赏，做好事将永无止境。

归根结底，我们要为塑造自我而负责。"我就是这种人！"不该成为冷漠或可耻行为的借口。这种说法甚至也不够准确，因为我们不可能永远不变。亚里士多德特别强调，我们怎样定义自己，我们就成为怎样的人。英国哲学家玛丽·麦金莱在《人与兽》中指出："存在主义最精辟最核心的观点就是把承担责任

No Excuse！

作为自我塑造的主旨，抛弃虚伪的借口。"

19世纪存在主义鼻祖之一索伦·克尔凯郭尔感叹芸芸众生中责任感的丧失，在《作者本人对自己作品的看法》这本书中，他写道："群体的含义等同于伪善，因为它使个人彻底地顽固不化和不负责任，至少削弱了人的责任感，使之荡然无存。"圣·奥古斯丁在他的《忏悔录》中把这种屈服于同辈压力的弱化的责任感作为对青年时代破坏行为进行反思的主要内容。"这全是因为当别人说'来呀，一起干吧！'的时候，我们羞于后退。"奥古斯丁和亚里士多德及存在主义者都坚持认为人们应对自己的行为负责。缺乏责任感并不能否认责任存在的事实。

负责任的人是成熟的人，他们对自己的言行负责，他们把握自己的行为，做自我的主宰。每一个成熟的企业，都应该教育自己的员工增强责任感，就像培养他们其他优良品质一样。

No Excuse !

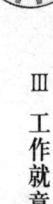

真正的负责是对结果负责

*

事实上，对于真正负责任的人，如果你只让他为过程负责，他是不会高兴的。因为这使他们没有机会展示自己的创造力、判断力和决断力，也感觉不到自己做出了贡献。

*

对于一个真正负责任的人，你只需要告诉他你需要的结果，他就能把这件事情处理好。美西战争初期，美国总统希望与古巴的反叛者们联络合作，问题是如何把这个消息带给隐藏在古巴山区、行踪不定的反叛者领袖加西亚。有人告诉总统："想找一个能把信带给加西亚的人，非安德鲁·罗文上校莫属。"果然，罗文接过信，用油布袋子装好，4天之后，他乘一艘小船来到了古巴海岸，化装成一个英国运动员，走进了茫茫的丛林。3个星期后，他从古巴岛的另一边出来，任务完成了。

No Excuse !

罗文接受命令时，没有问问题。他只是向总统敬了一个礼，然后就离开了。至于他如何克服困难，完成任务，则成了那场战争最大的奇迹之一。全球各地的领导人都希望找到像罗文这样的人为他们工作——不抱怨，甚至不需要上级给出完整的指令，但却值得信赖，能够帮助他们"把信带给加西亚"。

林肯说："人所能负的责任，我必能负；人所不能负的责任，我亦能负；如此，才能磨练自己。"

事实上，对于真正负责任的人，如果你只让他为过程负责，他是不会高兴的。因为这使他们没有机会展示自己的创造力、判断力和决断力，也感觉不到自己做出了贡献。

演说家格里·富斯特讲了一个简单的故事，从这个故事中，可以对责任感的强弱做出比较清晰的分辨。作为一个公众演说家，富斯特发现自己成功的最重要一点是让顾客及时见到他本人和他的材料。事实上，这件事情如此重要，以至于富斯特管理公司有一个人的专职工作就是让他本人和他的材料及时到达顾客那里。

最近，我安排了一次去多伦多的演讲。飞机在芝加哥停下来之后，我往公司办公室打电话以确定一切都已安排妥当。我走到电话机旁，一种似曾经历的感觉浮现在脑海中。8年前，同样是去多伦多参加一个由我担任主讲人的会议，同样是在芝加哥，我给办公

No Excuse!

室里那个负责材料的琳达打电话,问演讲的材料是否已经送到多伦多,她回答说:"别着急,我在6天前已经把东西送出去了。""他们收到了吗?"我问。"我是让联邦快递送的,他们保证两天后到达。"

让我们分析一下这段对话。或者说,让我们来分析一下这两个对话,因为它们实际上是两个对话。一个是关于活动的,而另一个是关于结果的。

不太有责任感的人往往会为行为承担责任,而那些更负责任的人,往往是对结果负责。

琳达当然感到自己是负责任的。她获得了正确的信息(地址、日期、联系人、材料的数量和类型)。她也许还选择了适当的货柜,亲自包装了盒子以保护材料,并及早提交给联邦快递为意外情况留下了时间。但是,正如这段对话所显示的,她没有负责到底,直到有确定的结果。格里继续讲他的故事。

那是8年前的事情了。随着8年前的记忆重新浮现,我的心里有些忐忑不安,担心这次再出意外,我接通了助手艾米的电话,说:"我的材料到了吗?""到了,艾丽西亚3天前就拿到了。"她说,"但我给她打电话时,她告诉我听众有可能会比原来预计的多400人。不过别着急,她把多出来的也准备好了。事实上,她对具体会多出多少也没有清楚的预计,因为允许有些人临时到场再登记入场,这样我怕400份不

No Excuse !

够，为保险起见寄了600份。还有，她问我你是否需要在演讲开始前让听众手上有资料。我告诉她你通常是这样的。但这次是一个新的演讲，所以我也不能确定。这样，她决定在演讲前发资料，除非你明确告诉她不这样做。我有她的电话，如果你还有别的要求，今天晚上可以找到她。"

问一个简单的问题：哪一个——琳达还是艾米——会更好地为公司工作？显而易见，你喜欢艾米，格里当然也是这么选的。艾米让格里更放心，因为艾米是为结果负责。她知道结果是最关键的，在结果没有出来之前，她是不会休息的。

领导者们普遍认同一个观点：希望员工为结果负责。他们常常为那些只为自己的行为过程负责的员工感到烦恼。在生产线出现的一个很小的错误，如果当场解决后，浪费的财产可能是1美元；当把这个机器装到现场的时候，造成的损失至少是1000美元。领导总是愿意寻找那些具有"寻求结果"倾向的人，这些人一旦认识到眼下的行为对结果不利，就能够迅速改变做事的方法。

当一个人能对事情的结果负责时，他必能担当起重任。不爱江山爱美人的温莎公爵正是这样一个对结果负责的人。有一次，英国王室为了招待印度当地居民的首领，在伦敦举行晚宴，其时还是"皇太子"的温

No Excuse！

莎公爵主持这次宴会。宴会中，达官贵人们觥筹交错，相与甚欢，气氛融洽。可就在宴会结束时，出了这么一件事，侍者为每一位客人端来了洗手盆，印度客人们看到那精巧的银制器皿里盛着亮晶晶的水，以为是喝的水呢，就端起来一饮而尽。作陪的英国贵族目瞪口呆，不知如何是好，大家纷纷把目光投向主持人。温莎公爵神色自若，一边与客人谈笑风生，一边也端起自己面前的洗手水，像客人那样"自然而得体"地一饮而尽。接着，大家也纷纷效仿，本来会造成的难堪与尴尬顷刻释然，宴会取得了预期的成功，当然也就使英国国家的利益得到了进一步的保证。没有对国家彻底的负责精神，皇太子要在这样的场合喝下洗手水是很难想象的。

还有一个流传久远的故事，告诉了我们要对结果负责，就必须对行动的细节负责。

国王查理三世准备拼死一战了。里奇蒙德伯爵亨利带领的军队正迎面扑来，这场战斗将决定谁统治英国。

战斗进行的当天早上，查理派了一个马夫去备好自己最喜欢的战马。

"快点给它钉掌，"马夫对铁匠说，"国王希望骑着它打头阵。"

"你得等等，"铁匠回答，"我前几天给国王全军的马都钉了掌，现在我得找点儿铁片来。"

No Excuse!

"我等不及了。"马夫不耐烦地叫道,"国王的敌人正在推进,我们必须在战场上迎击敌兵,有什么你就用什么吧。"

铁匠埋头干活,从一根铁条上弄下四个马掌,把它们砸平、整形,固定在马蹄上,然后开始钉钉子。钉了三个掌后,他发现没有钉子来钉第四个掌了。

"我需要一两个钉子,"他说,"得需要点儿时间砸出两个。"

"我告诉过你我等不及了,"马夫急切地说,"我听见军号声,你能不能凑合一下?"

"我能把马掌钉上,但是不能像其他几个那么牢实。"

"能不能挂住?"马夫问。

"应该能,"铁匠回答,"但我没把握。"

"好吧,就这样,"马夫叫道,"快点,要不然国王会怪罪到咱们俩头上的。"

两军交上了锋,查理国王冲锋陷阵,鞭策士兵迎战敌人。"冲啊,冲啊!"他喊着,率领部队冲向敌阵。远远地,他看见战场另一头几个自己的士兵退却了。如果别人看见他们这样,也会后退的,所以查理策马扬鞭冲向那个缺口,召唤士兵调头战斗。他还没走到一半,一只马掌掉了,战马跌翻在地,查理也被掀在地上。

国王还没有再抓住缰绳,惊恐的畜牲就跳起来逃

No Excuse !

走了。查理环顾四周,他的士兵们纷纷转身撤退,敌人的军队包围了上来。

他在空中挥舞宝剑,"马!"他喊道,"一匹马,我的国家倾覆就因为这一匹马。"

他没有马骑了,他的军队已经分崩离析,士兵们自顾不暇。不一会儿,敌人俘获了查理,战斗结束了。

从那时起,人们就说:

少了一个铁钉,丢了一只马掌。

少了一只马掌,丢了一匹战马。

少了一匹战马,败了一场战役。

败了一场战役,失了一个国家。

所有的损失都是因为少了一个马掌钉。

任何事情都是由一个个细节组成的,如果我们没有对结果负责的精神,总是有凑合和侥幸的心理,许多看起来不重要的细节最终将破坏大局。

No Excuse !

养成承担责任的习惯

*

养成承担责任的习惯,才能真正担负起自己的职责。

不负责任的行为就是不成熟的行为,负责任是成熟的标志。负责任的人是成熟的人,他们做自己的主宰,对自己的言行负责,他们把握自己的行为,无论大事小事都认真负责。换句话说,一个成熟的人必定养成了承担责任的习惯。

*

不负责任的行为就是不成熟的行为,负责任是成熟的标志。负责任的人是成熟的人,他们做自己的主宰,对自己的言行负责,他们把握自己的行为,无论大事小事都认真负责。换句话说,一个成熟的人必定养成了承担责任的习惯。

养成承担责任的习惯,才能真正担负起自己的职责。

No Excuse！

很早以前，英格兰有个国王叫阿尔福雷德，他是一个精明而又有正义感的人，是英国历史上最了不起的国王之一。直到几个世纪后的今天，他还被称作"阿尔福雷德大帝"而广为人知。

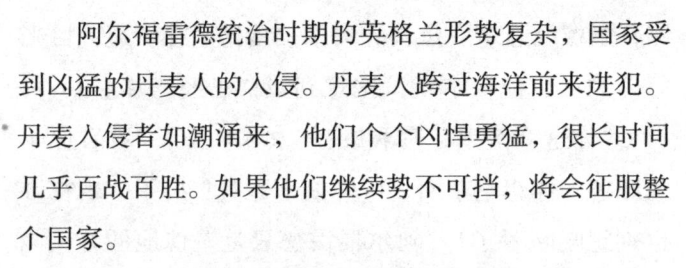

阿尔福雷德统治时期的英格兰形势复杂，国家受到凶猛的丹麦人的入侵。丹麦人跨过海洋前来进犯。丹麦入侵者如潮涌来，他们个个凶悍勇猛，很长时间几乎百战百胜。如果他们继续势不可挡，将会征服整个国家。

最终，经过数次战役，阿尔福雷德王的英格兰军队溃不成军。每个人，包括阿尔福雷德，都只能设法逃生。阿尔福雷德乔装打扮为一个牧羊人，只身逃走，穿过森林和沼泽。

经过几天漫无目的的游荡，他来到一个伐木工的小屋。饥寒交迫的他敲开房门，乞求伐木工的妻子给点儿吃的东西并借宿一宿。

女人同情地看着这位衣衫褴褛的男人，她不知道他是谁。"请进，"她说，"你给我看着炉子上的蛋糕，我会供你晚餐的。我现在出去挤牛奶，你好好看着，等我回来，可别让蛋糕煳了。"

阿尔福雷德礼貌地道了谢。坐在火炉旁边。他努力把精力集中到蛋糕上，可是不一会儿他的烦心事就充满了脑子。怎样重整军队？重整旗鼓后又怎样去迎战丹麦人？他越想越觉得前途渺茫，开始认为继续战

No Excuse！

斗也将无济于事，阿尔福雷德只顾想自己的问题，他忘了自己是在伐木工的屋子里，忘了饥饿，忘了炉上的蛋糕。

过了一会儿，女人回来了，她发现小屋里烟熏火燎，蛋糕已经烤成焦炭。阿尔福雷德坐在炉边，目光盯着炉火，他根本就没注意到蛋糕已经烤焦。

"你这个懒鬼，窝囊废！"女人叫道，"看看你干的好事。你想吃东西，可你袖手旁观！好了，现在谁也别想吃晚餐了！"阿尔福雷德只是羞愧地低着头。

这时，伐木工回来了。他一进家门就注意到这个坐在炉边的陌生人。"住嘴！"他告诉妻子，"你知道你在责骂谁吗？他就是我们伟大的国王阿尔福雷德！"

女人惊呆了，她跑到国王面前急忙跪下，请国王原谅她如此粗鲁。但是明智的国王请女人站了起来。"你责怪我是应该的，"他说，"我答应你看着蛋糕，可蛋糕还是烤煳了，我该受惩罚。任何人做事，无论大小都应该认真负责。这次我没做好，但此类事情不会再有了，我的职责是做好国王。"

这个故事没告诉我们那天晚上阿尔福雷德是否吃了晚饭，但没过多久，他就重整自己的军队，把丹麦人赶出了英格兰。

图谋大业必须从注重小节开始，养成负责任的习惯，领袖也不例外。阿尔福雷德从烤煳的蛋糕上看到

No Excuse !

了自己对责任的疏忽，并联想到了领袖的职责，奋发而为，实在是令人感慨。

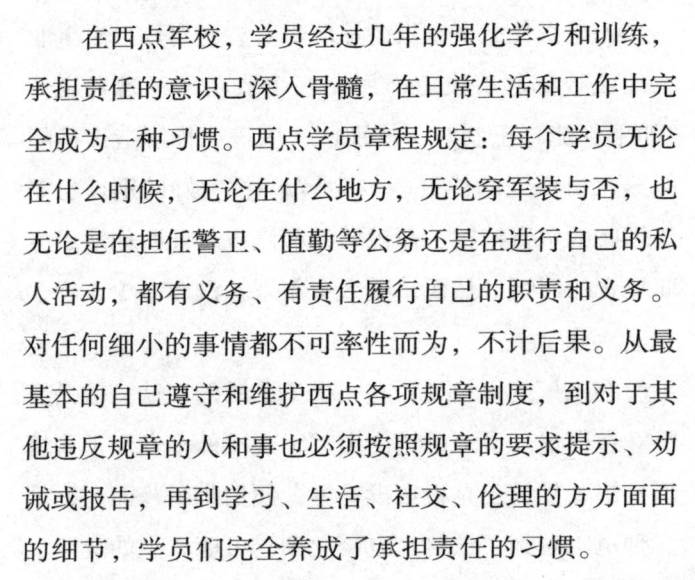

在西点军校，学员经过几年的强化学习和训练，承担责任的意识已深入骨髓，在日常生活和工作中完全成为一种习惯。西点学员章程规定：每个学员无论在什么时候，无论在什么地方，无论穿军装与否，也无论是在担任警卫、值勤等公务还是在进行自己的私人活动，都有义务、有责任履行自己的职责和义务。对任何细小的事情都不可率性而为，不计后果。从最基本的自己遵守和维护西点各项规章制度，到对于其他违反规章的人和事也必须按照规章的要求提示、劝诫或报告，再到学习、生活、社交、伦理的方方面面的细节，学员们完全养成了承担责任的习惯。

西点毕业生、Compass集团总裁约翰·克里斯劳说："我以前的一个室友违反了荣誉准则。当他把所做的事告诉我时，我并没有网开一面，而是告发了他。这并不是由于我不在乎他，我深深地关心他。但我知道，与他被给予第二次机会相比，原则更为重要。我当时18岁，我知道我首要的责任是坚守荣誉的原则。"正因为养成了承担责任的习惯，所以即使自己情感上还有障碍，也会坚决地按照原则办事。

麦金莱总统在西点军校演讲时，对学员们说："比其他事情更重要的是，你们需要尽职尽责地把一件事情做得尽可能完美；与其他有能力做这件事的人

No Excuse !

相比，如果你能做得更好，那么，你就永远是个好军人。"

无论做什么事都需要尽职尽责，它对你日后事业上的成败都起着决定作用。一个成功的经营者说："如果你能真正制好一枚别针，应该比你制造出粗陋的蒸汽机赚到的钱更多。"因为一枚完好的别针也需要彻底的负责精神，而粗陋的蒸汽机却证明你缺乏尽职尽责的习惯。然而，这么多年来，没有多少人领会到这一点。

在工厂的入口处，有一根生了锈的大铁钉被丢弃竖立在那里。员工进进出出，于是不外乎发生下列情形：第一种员工是根本没看见，便抬脚横跨而过；第二种员工看到了铁钉，也警觉到它可能产生的危险，不过这种员工所持的态度又可能出现三种不同的类型：第一类心想别人会捡起来，不用自己操心，只要自己小心，实在不必庸人自扰，于是视若无睹，改道而行；第二类会认为自己现在太忙，还有很多要事待解决，等办完事后再来处理那根铁钉；第三类则抱着事不宜迟的态度，马上弯腰捡起并妥善处置。在这些看见铁钉的员工中，只有最后一类员工具有负责任的习惯，而这种于细微处体现出的责任感，正是成就大业的基础。

法国银行大王恰科年轻时，曾经有很长一段时间找不到工作。他到处求职又总被拒绝。当他第53次被

No Excuse !

一家银行老板拒绝之后走出门外时，于不经意间发现了地上有个大头针。他想，如果这大头针叫别人不小心踩上受了伤就不好了。于是，他就弯腰把它拾了起来。没想到，他的这个动作正好被刚刚将他拒之门外的银行老板看见了。老板认为，如此细心负责的人，很适合做银行工作。就这样，他又被录取了。

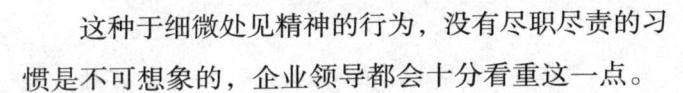

这种于细微处见精神的行为，没有尽职尽责的习惯是不可想象的，企业领导都会十分看重这一点。

No Excuse！

忠诚是无价之宝

*

在这个世界上，并不缺乏有能力的人，那种既有能力又忠诚的人才是每一个企业企求的最理想的人才。那些忠诚于老板、忠诚于企业的员工，都是努力工作、没有任何借口的员工。他们的忠诚会让他们达到我们想象不到的高度。

*

一个年轻人在他的父母、导师、老板或其他人的眼中，最可贵的品质恐怕就是忠诚了。关于这一点，许多人的观念中好像都存在着一个令人费解的误区，他们几乎都认为不管他们从事什么样的工作，只要他们把工作做好就行了，至于其他的因素可以不予考虑。

毫无疑问，大多数年轻人对自己的老板都怀有一定程度的忠诚之心，至少对于他们现在所从事的工作是这样的。但这样的忠诚在很多时候都表现得极其不

No Excuse !

够。甚至还有一些人，为人子者，为人卫者，为人徒者，为人仆者，故意在他们的监督者不在的时候把事情弄得一团糟，这样的人是绝对不能任用的。

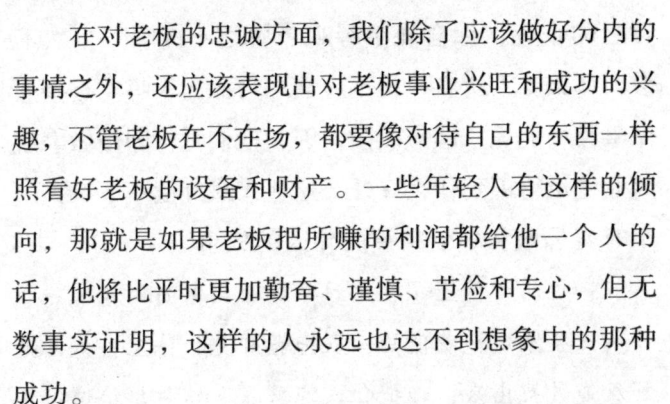

在对老板的忠诚方面，我们除了应该做好分内的事情之外，还应该表现出对老板事业兴旺和成功的兴趣，不管老板在不在场，都要像对待自己的东西一样照看好老板的设备和财产。一些年轻人有这样的倾向，那就是如果老板把所赚的利润都给他一个人的话，他将比平时更加勤奋、谨慎、节俭和专心，但无数事实证明，这样的人永远也达不到想象中的那种成功。

很多人，如果你说他对老板的忠诚不足，他会这样辩解："忠诚有什么用呢？我又能得到什么好处？"忠诚并不是为了增加回报的砝码，如果是这样，就不是忠诚，而是交换。我们应该明白，在这个世界上，并不缺乏有能力的人，那种既有能力又忠诚的人，才是每一个企业企求的最理想的人才。人们宁愿信任一个虽然能力差一些却足够忠诚敬业的人，而不愿重用一个朝三暮四、视忠诚为无物的人，哪怕他能力非凡。如果你是老板，你肯定也会这样做的。

有很多这样的年轻人，干活的时候敷衍了事，做一天和尚撞一天钟，从来不愿多做一点儿工作，但到了玩乐的时候却是兴致万丈，得意的时候春风满面，领工资的时候争先恐后。比如修好墙上的一个破洞，

No Excuse！

帮老板把几箱货物放在该放的地方，随时记下几笔零碎的账目，都只不过是举手之劳，却可以给企业省下很多时间和金钱，但他们就是不愿意这样做。如果是自己的企业，你会袖手旁观、置之不理吗？当然不会。那么受人所雇，就不应当尽力而为了吗？有些人做事马马虎虎，懒懒散散，因为他们觉得即使做事兢兢业业也得不到什么好处，这些人最好读一下有关一个有着忠诚和奉献精神的仆人的故事。

一位马耳他王子在路过一间公寓时看到他的一个仆人正紧紧地抱着他的一双拖鞋睡觉，他上去试图把那双拖鞋拽出来，却把仆人惊醒了。这件事给这位王子留下了很深的印象，他立即得出结论：对小事都如此小心的人一定很忠诚，可以委以重任，所以他便把那个仆人升为自己的贴身侍卫，结果证明这位王子的判断是正确的。那个年轻人很快升到了事务处，又一步一步当上了马耳他的军队司令，最后他的美名传遍了整个西印度群岛地区。

不要指望有任何不需付出的回报，忠诚是一条双行道，付出一磅忠诚，你将收获双倍的忠诚。我阅读巴顿将军的回忆录时，在他于1943年7月18日从西西里发出的一封信里，读到这样一段话："不久前的某一天，威廉·达比上校被提升为一个团的团长。级别提升了一级，但他拒绝接受，因为他愿意与他训练出

来的士兵待在一起。同一天,艾伯特·魏德迈将军请示降为上校,为的是能够去指挥一个团。我认为这两种行动都很棒。"这就是西点所提倡的忠诚。威廉上校为了忠诚于自己的下属而甘愿放弃晋升的机会,他的下属必将对他更加忠诚。但前提是,他的那些部下首先是对他忠诚的。一个不忠诚的下属永远不会有遇到这样的上司的幸运。

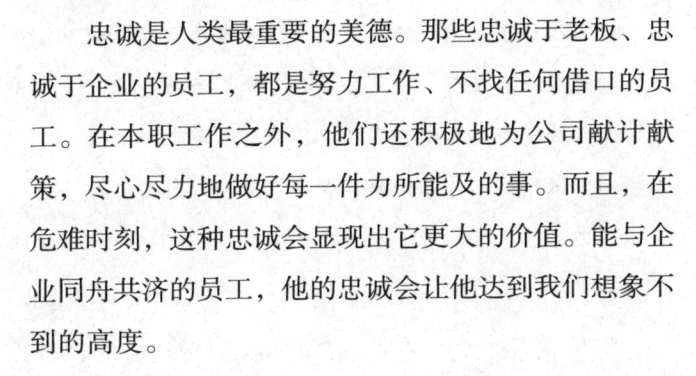

忠诚是人类最重要的美德。那些忠诚于老板、忠诚于企业的员工,都是努力工作、不找任何借口的员工。在本职工作之外,他们还积极地为公司献计献策,尽心尽力地做好每一件力所能及的事。而且,在危难时刻,这种忠诚会显现出它更大的价值。能与企业同舟共济的员工,他的忠诚会让他达到我们想象不到的高度。

No Excuse !

忠诚是一丝不苟的责任

*

忠诚不是虚幻的,它更多地体现在日常工作的兢兢业业之中。这是个让人十分无奈的事实,每个公司都并不缺少人才,但缺少的是忠诚于公司的激情的人才,更缺少能自觉关心公司利益的人才。

*

忠诚不仅体现在一些让人惊叹的伟人伟业上,更多地体现在日常工作的兢兢业业之中。

有位叫做乔治的年轻人,刚从大学毕业到一家钢铁公司工作还不到一个月。在那里,他发现很多炼铁的矿石并没有得到完全充分的冶炼,一些矿石中还残留着没有被冶炼好的铁,他想这种情况再继续下去,公司就会有很大的损失。

于是,他找到了负责这项工作的工人,跟他说明了问题,这位工人说:"如果技术有了问题,工程师

No Excuse !

一定会跟我说，现在还没有哪一位工程师向我说明这个问题，说明现在没有问题。"乔治又找到了负责技术的工程师，对工程师说明了他看到的问题。工程师很自信地说："我们的技术是世界上一流的，怎么可能会有这样的问题呢。"工程师并没有把他说的看成是一个很大的问题，还暗自认为，一个刚刚毕业的大学生，能明白多少，不会是因为想博得别人的好感而表现自己吧。

但是，乔治认为这是一个很大的问题。于是，他拿着没有冶炼好的矿石找到了公司负责技术的总工程师。他说："先生，我认为这是一块没有冶炼好的矿石，您认为呢？"总工程师看了一眼，说："没错，年轻人你说得对。哪里来的矿石？"乔治说："是我们公司的。""怎么会，我们公司的技术是一流的，这样的问题怎么会发生？"总工程师很诧异。"工程师也这么说，但事实确实如此。"乔治坚持道。"看来是出问题了。怎么没有人向我反映？"总工程师有些发火了。

总工程师召集负责技术的工程师来到车间，果然发现了一些冶炼并不充分的矿石。经过检查发现，原来是监测机器的某个零件出现了问题，才导致了冶炼的不充分。

公司的总经理知道这件事之后，不但奖励了乔治，而且还晋升乔治为负责技术监督的工程师。总经理不无感慨地说："我们公司并不缺少工程师，但缺

No Excuse！

少的是忠诚于公司的工程师，更缺少自觉关心公司利益的工程师，这么多工程师就没有一个人发现问题，并且有人提出了问题，他们还不以为然，对于一个企业来讲，人才是重要的，但更重要的是，要有忠诚于公司的激情，这样才能真正对自己的工作负责。"

这位总经理说得对，真正的人才一定要德才兼备，要有忠诚于公司的激情，而忠诚也不是什么表表忠心，而是对公司利益切切实实的关心，对工作一丝不苟的责任感。

有些人总以为，公司的事情让老板去操心就好了，一个小小的员工管那么多完全是没事找事，而且，你用了心费了力，老板也不一定知道。但是一个富有忠诚激情的员工就不会这么想，他们不会计较自己的利益，因为他们把公司的利益看作自己的利益，他们关心公司的得失就像关心自己的安危。这样的员工是公司的支柱，他们的行为总会引起老板的重视，这不仅会给公司带来好处，个人也会被重用。

安妮是一家公司的秘书。安妮的工作就是整理、撰写、打印一些材料。很多人都认为安妮的工作单调乏味，但安妮不觉得，她觉得自己的工作很好。她说："检验工作，唯一的标准就是你做得好不好，不是别的。"

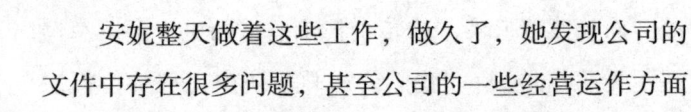

安妮整天做着这些工作，做久了，她发现公司的文件中存在很多问题，甚至公司的一些经营运作方面

No Excuse !

也存在着问题。于是，安妮除了每天必做的工作之外，她还细心地搜集一些资料，甚至是过期的资料，她把这些资料整理分类，然后进行分析，写出建议。为此，她还查询了很多有关经营方面的书籍。最后，她把打印好的分析结果和有关证明资料一并交给了老板。

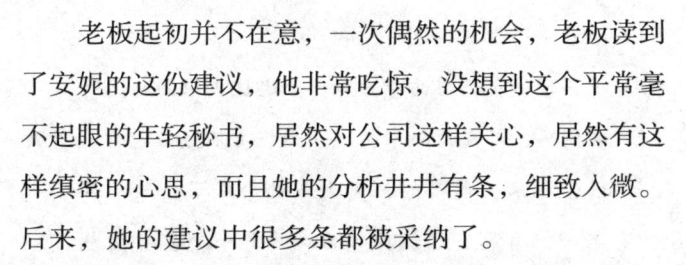

老板起初并不在意，一次偶然的机会，老板读到了安妮的这份建议，他非常吃惊，没想到这个平常毫不起眼的年轻秘书，居然对公司这样关心，居然有这样缜密的心思，而且她的分析井井有条，细致入微。后来，她的建议中很多条都被采纳了。

老板很欣慰，他觉得有这样的员工是他的骄傲。当然，安妮也被老板委以重任。安妮觉得没必要这样，因为她觉得她只比正常的工作多做了一点点，但是，老板却觉得她为公司做了很多很多，而且，公司的重要工作就需要像她这样兢兢业业、热情饱满而又不动声色的人。

这个老板对安妮的奖赏是合理而应该的，肯定有很多人看起来比安妮更有才能，也占据着看起来比安妮更重要的职位，但他们缺少的却是像安妮一样的那么一点点忠诚、一点点责任和一点点激情。

No Excuse！

忠诚是公司的命脉

*

忠诚是公司的命脉。一个忠诚度很高的团结的团队，其在商战中的战斗力将是不可估量的。很久以来，所有的优秀企业就形成了一致的共识：把有没有忠诚度作为选才的一个重要衡量标准。

*

忠诚的激情不仅是一个人主动地为他所属的团体做出无私的奉献，更是一个人主动地担当团体的危难。的确，当一个企业陷入危机的时候，考验员工忠诚的时候就到了。

有一家生意不错的旅游公司。老板出差期间，有人秘密地把公司几乎是全部的客户资料出卖给了竞争对手。旅游旺季到来之时，这家旅行社以往的签约顾客居然一个都没有来。旅行社陷入到了前所未有的危机之中。

No Excuse！

没有人知道这是谁干的。客户服务部的经理引咎辞职，尽管她是无辜的，老板也觉得自己对不起公司的员工。"我很遗憾公司出现了这样的事情，"老板说，"现在，公司的资金周转出现了困难，这个月的薪水暂时不能发给大家。我知道，有的人想辞职，要是在平时我会挽留大家，这个时候大家想走，我会立刻批准，因为我已经没有挽留大家的理由了。"

"老板，您放心，我们是不会走的，我们不能在这个时候离开，我们一定会战胜困难。"一个员工说。"是的，我们不会走的。"很多人都在说。员工表现出来的忠诚感染了老板，也感染了在场的每一个人。

这家旅行社没有倒闭，而且比以前做得还要好，因为，在危难中老板发现了一批忠诚于公司的员工，依靠他们，公司的发展有了真正的支柱。与此同时，在危难中留下来的员工也都得到了重用，他们在公司的发展中也发展了自己，而那些临危而去的员工却失去了发展自己的机会。老板说："我要感谢我的员工，在我要放弃的时候，是他们的忠诚帮助公司战胜了困难，他们让我知道了企业真正的资本是什么，它就是忠诚的激情。"

忠诚的力量是不可估量的。在法军的一支部队里有一对兄弟，其中一人被德军的子弹击中，幸免于难的另一人请求长官允许他去把兄弟背回来。长官说：

No Excuse！

"他可能已经死了，你冒着生命危险去把他的尸体背回来是没有用的。"但在他一再的恳求下，长官同意了。

就在那名士兵刚把他的兄弟背回到营地时，他那身负重伤的兄弟死去了。长官说："看看，你冒死把他背回来真是毫无意义。"但这名士兵回答说："不，我做了他所期望的事。我得到了回报。当我摸到他身边扶起他时，他说：'皮埃尔，我知道你会来的——我就是觉得你会来。'"

这位士兵得到的回报是什么呢？是一种无价而穿心的信赖。这种由信赖而产生的互相依附和忠诚，是人世间最可宝贵的情感和财富。

我们说忠诚可以拯救一个危难中的公司，可以让人爆发出一种高贵的激情，而背叛却可以摧毁一家公司，也毁掉一个人做人的热情。

在一次激烈的商业谈判中，纳斯特公司的谈判人员发现要想实现自己的目标显然有了困难，但他们必须获得成功，因为这次交易的商业利润非常可观。谈判的对方华声公司也有自己的底线，但是他们不能轻易亮出自己的底线，谈判一直在僵持中。

纳斯特公司一直摸不清华声公司的谈判底线，经过几天的周旋，还是雾里看花。纳斯特公司的谈判助理说："实在不行，我们就收买他们的谈判人员，答应谈判成功之后给他们满意的回扣，这对我们来说，

是舍小保大，从长远来看，是值得的。我听说魁蒙公司和福可思公司也已经介入了，如果不采取措施的话可能会失去这个机会。"

谈判副主席对此不同意，认为这样做违背公平竞争的原则。但最后，谈判主席，也就是这家公司的副总裁，认为可以试一下，他说："我想证明一个问题，看这家公司的员工究竟如何？"纳斯特公司的谈判助理以为，没有人不喜欢钱，"重赏之下必有勇夫"，他制定好计划就开始了运作。然而，事情居然出乎他的意料，他以为自己的计划很周详，也很到位，给他们的回扣也不低，没想到却遭到了他们的坚决拒绝。

纳斯特公司的谈判助理悻悻而归。当他把这个消息告诉纳斯特公司的谈判主席时，谈判主席却笑了，并且点点头。谈判助理对主席的反应一头雾水。

第二天谈判开始的时候，没有人说话。这时纳斯特公司的谈判主席开口了："我们同意贵公司提出的价钱，就按照你们说的价钱成交。"这是让两家公司的谈判成员都没有想到的。接着，纳斯特公司的谈判主席继续说："我的助理做的事情我是知道的，我当时没有反对，就是想证明一件事。最终证实我的猜想对了，贵公司的谈判人员不仅谈判技巧高，而且协作非常好，最关键的一点是，你们对自己的公司非常忠诚，这令我敬佩。我们是对手，成交的价钱是我们分

No Excuse！

胜负的标准。但是，一个企业的生存并不是仅仅依靠钱的多少。员工的忠诚是一个企业的命脉。你们的表现让我看到贵公司命脉坚实，和你们合作，我们放心。从价钱上来看，我们是亏了一些，但我认为我们会赚得更多。"他的话还没说完，全场就响起了热烈的掌声。

忠诚是公司的命脉。一个忠诚度很高的团结的团队，其在商战中的战斗力将是不可估量的。其实很久以来，这就成了所有优秀公司的共识：把有没有忠诚度作为选才的一个重要衡量标准。

雄武是一家日本企业的业务部副经理，他年轻能干，刚进企业两年就得到了这样一个要职，大家都对他刮目相看。然而半年之后，他却悄悄离开了公司。同事们都很惋惜，没有人知道他为什么离开。

雄武走后不久，找到了他的朋友，也是和他一起来到这家公司的山木先生。在酒吧里，雄武喝得烂醉，他对山木说："知道我为什么离开吗？我非常喜欢这份工作，但是我犯了一个错误，我为了获得一点儿小利，失去了作为公司职员最重要的东西。虽然总经理没有追究我的责任，也没有公开我的事情，算是对我的宽容，但他今后还会相信我吗？我真的很后悔，你千万别犯我这样的低级错误，不值得啊。"

山木听得糊涂，但是他知道这一定和钱有关。原来，雄武在担任业务部副经理时，曾经收过一笔款，

No Excuse !

业务部经理说可以不入账："没事儿，大家都这么干，你还年轻，以后多学着点儿。"

雄武虽然觉得这么做不妥，但是他也没拒绝，半推半就地拿下了这笔钱。当然，业务部经理拿到的更多。没多久，业务部经理就辞职了。后来，总经理发现了这件事，批评了雄武，但没有将此事公开，但雄武自己越想越不安，惶惶不可终日，他总觉得自己做了对不起公司的事情，有了污点，总经理不会再重用他，因此，他就悄悄离开了公司。

山木看着雄武落寞的神情，知道雄武一定很后悔，但是有些东西失去了就很难弥补回来，雄武失去的是对公司的忠诚，而抛弃的则是他自己，因为失去了对公司的忠诚，雄武还能奢望公司再相信他吗？

魔鬼词典里说：陷阱就是掺进毒药的一块涂满奶油的蛋糕，能够抵制诱惑而不落陷阱的人并不是很多，很多人会以身试毒，他们总以为自己占了便宜，但不知道他们已经在陷阱之中。

West Point

No Excuse !

No Excuse！ IV 做最优秀的员工

No Excuse！

焕发崇高而伟大的岗位激情

*

忠于自己的职责是一种神圣的激情，这种激情更多地体现在普通的工作岗位上。一个对岗位职责有深刻体悟的人一定会有非同寻常的岗位激情，他热爱自己的岗位，在自己的岗位上兢兢业业，鞠躬尽瘁。正如拿破仑所说："没有人能毁灭我们尽职的激情，它只能自我泯灭。"

*

现代职业是一种岗位，岗位是整个社会职业系统所规划的一个位置。一个社会、一个企业是由无数岗位构成的系统，岗位与岗位之间有千丝万缕的联系，也意味着千丝万缕的责任。这种联系与责任或者是直接的，比如流水线上的岗位分工就是一种职责分派，任何一个岗位的工作出了毛病就会直接影响到别的岗位的工作；这种联系与责任也可能是间接的，比如当我们用到一些劣质产品时会恼火地抱怨："这个企业

No Excuse！

怎么这样不负责任！"

人类的工作是一种系统化的工作，人类的生活是一种社会化的生活。每个社会成员都要进入这个工作系统，并对这个系统的正常运转负责，同时，每个人也会在一个负责的社会系统中受益，或者在一个不负责任的社会中遭殃。为建立一个负责的社会和企业，每个人都应该意识到自己的岗位职责，这不仅是为社会和企业，也是为了自己更好地生活。

一个对岗位职责有深刻体悟的人一定会有非同寻常的岗位激情，他热爱自己的岗位，在自己的岗位上兢兢业业，鞠躬尽瘁。在有的人看来，这种人太傻，不值得，然而，他们根本不懂得一个人在将自己的生命与岗位合二为一之后的幸福与神圣。

人们永远记得两千年前那位驻守在庞培古城的古罗马哨兵。由于维苏威火山喷发，整个庞培城被毁掉了，后来人们在废墟中发现了这位死在岗位上的哨兵。这是一名真正的战士，当其他人都退却的时候，他仍然坚守在自己的岗位上，他感到这是他的责任。只要派他去保护这个地方，他就永远不能退缩。他被硫化物释放的烟雾窒息而死，他的身体也惨不忍睹，然而他的精神永在。至今，他的铜盔、长矛、护胸甲仍然被存放在那不勒斯的波波利克博物馆中，为后人所瞻仰。

也许拿庞培城那位古罗马士兵作为忠于职守的事

No Excuse !

例显得过于久远，那就看看近一些的"贝克黑德"号船只吧。"贝克黑德"号上所有的士兵们都沉没在非洲的海洋里了，当这个消息传到英国之后，威灵顿公爵正在皇家学院宴会厅参加一个盛宴。麦克雷说："在我的记忆中，威灵顿公爵极少对普通人大加赞赏，但这次例外。公爵在表彰他们时没有提起他们的勇气，而是一直强调他们忠于职责的精神，他把这一点重复了好几遍。我猜想，公爵是把后者看作更为重要的战斗力了。"

　　忠于自己的职责是一种神圣的激情，这种激情具有超常的力量。一个多世纪前的一天，新英格兰发生了一次日食现象，天空变得非常黑暗，许多人都以为是末日审判来临了。康涅狄格州议会正在召开会议，当黑暗来临时，大家开始心慌意乱，一名议员提议休会。这时，一位来自斯坦福大卫港的老清教徒立法议员站起来说道，即使世界末日真的到来，也应该坚守自己的岗位，并履行自己的责任。在这种岗位激情的驱使下，他举着蜡烛在房间里四处走动，镇定而毫无惧色。他的行为感动了所有的议员，让大家都意识到自己应该做什么，应该对什么负责，从而使会议从容地进行下去。

　　负责尽职的岗位激情不仅体现为一些非凡的壮举，它也融化在默默无闻的日常职责之中。一个人的一生要履行很多职责，比如我们要对自己的家庭负

No Excuse !

责,要对邻居负责,要对雇主或员工负责,要对我们身边的人负责,要对自己的城市负责,要对国家负责,以及对整个人类负责。有时候,我们尽心尽责是有目共睹的,但大多数情况下却没有人看见,因此,如何做一个对自己的生活与工作负责的人主要是自己私下的事情。拿破仑说得好:"没有人能毁灭我们尽职的激情,它只能自我泯灭。"只要我们有心让自己和他人过得好一点、美一点、高尚一点,只要我们有爱,我们就能唤起自己的岗位激情并做出自己难以想象的事情。

事实上,要做好日复一日、年复一年的日常工作,更需要一种献身的激情。在19世纪以前,人们不相信女人能在战斗中照顾士兵,他们只是将女护士看作普通的家庭服务员,然而,南丁格尔小姐改变了人们的看法。南丁格尔是一个多才多艺的社交型少女,家庭富裕,生活快乐,是大家的宠儿,是公众羡慕的中心,她拥有能使社交和居家生活都很奢华的一切,她完全没有必要从事护士这一麻烦而不为别人看好的职业,但她放弃了自己拥有的舒适生活,选择了护士职业,甘愿走上一条通向痛苦与悲伤的道路。是什么原因使南丁格尔做出这一选择的呢?她的回答是爱与责任。

南丁格尔一直有关爱别人的强烈激情。她在学校里教书,去医院、监狱和感化院工作。她常常去看望

No Excuse！

穷人，对那些不幸者、迷失者和受压迫的人满怀关心。为了更好地帮助那些需要帮助的人，她学习使用医院的抹布、刷子和除尘器，还按部就班地学习护理技术。当女教员医院找不到合适的管理人选而濒临倒闭的时候，她主动担当起了管理医院的责任。她忘记了家中的事情，忘记了呼吸山村新鲜的空气，全身心地投入到哈利街道医院的艰苦工作中。在那里，她把自己的时间、精力和金钱都用于护理生病的姐妹了。最后，医院的工作得以继续，但她的健康状况却因工作劳累而进一步恶化了。有一段时间，她不得不专门去汉普郡医院进行疗养。

然而，一件亟待帮助的事情出现了，克里米亚战争爆发了。伤兵躺在布斯普鲁斯的医院里，急需大量有经验的护士，而医院几乎没有专业护理人员。有着高尚心灵的南丁格尔立刻决定去那里帮助他们。她乘船前去斯库台，那里极其危险——要冒生命危险，要历尽各种艰难险阻，总之什么灾难都有。但是，当责任引导着勇敢的灵魂时，有谁会想到危险呢？南丁格尔几乎是有求必应，她深入到伤员中间，无微不至地照料他们，她成了战士心中的天使与女神。直到今天，护士这一神圣的职业还与南丁格尔的名字联系在一起，它让我们想起一种普普通通然而又崇高伟大的岗位激情。

No Excuse !

多加一盎司，工作就大不一样

*

盎司是英美制重量单位，一盎司只相当于1/16磅。但是，就是这微不足道的一点区别，会让你的工作大不一样。多加一盎司，工作可能就大不一样。尽职尽责完成自己工作的人，最多只能算是称职的员工。如果在自己的工作中再"多加一盎司"，你就可能成为优秀的员工。

*

著名投资专家约翰·坦普尔顿通过大量的观察研究，得出了一条很重要的原理："多一盎司定律"。他指出，取得突出成就的人与取得中等成就的人几乎做了同样多的工作，他们所做出的努力差别很小——只是"多一盎司"。但其结果，所取得的成就及成就的实质内容方面，却经常有天壤之别。

约翰·坦普尔顿把这一定律也运用于他在耶鲁的经历。坦普尔顿决心使自己的作业不是95%而是99%

No Excuse！

的正确。结果呢？他在大学三年级就进入了美国大学生联谊会，并被选为耶鲁分会的主席，得到了罗兹奖学金。

在商业领域，坦普尔顿把多一盎司定律进一步引申。他逐渐认识到只多那么一点就会得到更好的结果。那些更加努力的人就会得到更好的成绩，那些在一品脱的基础上多加了17盎司而不是16盎司的人，得到的份额远大于一盎司应得的份额。

"多一盎司定律"可以运用到所有的领域。实际上，它是使你走向成功的普遍规律。

例如，把它运用到高中足球队，你就会发现，那些多做了一点努力，多练习了一点的小伙子成为了球星，他们在赢得比赛中起到了关键性的作用。他们得到了球迷的支持和教练的青睐。而所有这些只是因为他们比队友多做了那么一点。

在商业界、艺术界、体育界，在所有的领域，那些最知名的、最出类拔萃者与其他人的区别在哪里呢？回答是就多那么一点。"多加一盎司"——谁能使自己多加一盎司，谁就能得到千倍的回报。

在工作中，有很多时候需要我们"多加一盎司"。多加一盎司，工作可能就大不一样。尽职尽责完成自己工作的人，最多只能算是称职的员工。如果在自己的工作中再"多加一盎司"，你就可能成为优秀的员工。

No Excuse !

"多加一盎司"在所有的工作中都会产生好的效果。如果你多加一盎司，你的士气就会高涨，而你与同伴的合作就会取得非凡成绩。要取得突出成就，你必须比那些取得中等成就的人多努一把力，学会再加一盎司，你会得到意想不到的收获。

"多加一盎司"其实并不难，我们已经付出了99%的努力，已经完成了绝大部分的工作，再多增加"一盎司"又有什么困难呢？但是，我们往往缺少"多一盎司"所需要的那一点点责任、一点点决心、一点点敬业的态度和自动自发的精神。

"多加一盎司"其实是一个简单的秘密。在工作中，有很多东西都是我们需要增加的那"一盎司"。大到对工作、公司的态度，小到你正在完成的工作，甚至是接听一个电话、整理一份报表，只要能"多加一盎司"，把它们做得更完美，你将会有数倍于一盎司的回报。

获得成功的秘密在于不遗余力——加上那一盎司。多一盎司的结果会使你最大限度地发挥你的天赋。约翰·坦普尔顿发现了这个秘密，并把它运用到他的学习、工作和生活中，从而获得了巨大的成功。从现在起，你也掌握了这个秘密，好好运用它吧！

"我已经竭尽全力了吗？或许我还有一盎司可加？"经常这样问自己，将使你受益匪浅。

No Excuse !

只要去找，就一定有办法

*

拥有积极进取精神的人，总是能找到完成工作的最好办法，因为在这种精神的鼓舞下，他们总是显得顽强、自信而智慧。这样的人，必将成为一个团队或企业的中坚力量。

*

美国前总统西奥多·罗斯福说："克服困难的办法就是找办法，而且，只要你找，就一定有办法。"罗斯福8岁的时候，长着一副暴露在外而又参差不齐的丑牙，谁见了都觉得好笑，所以他总是畏首畏尾，个性内向，不善交际。当他在课堂上被老师提问的时候，他总是站在那里两腿直打哆嗦，牙齿颤动着说出一些含混不清的答案，几乎没有人能听懂。当老师让他坐下时，他才如释重负。

尽管如此，罗斯福从来没有把自己看成一个可怜虫，从未自暴自弃，从不以自己的这些缺陷来作借口

No Excuse！

使自己疏懒下去，也从未觉得自己不可救药，而恰恰是缺陷激励着他去奋斗。针对自己的缺陷——他努力加以改正，如果实在没有办法改变，他就极力加以利用。在演说中，他学会巧妙地利用他的沙声、利用他那暴露在外的牙齿，这些本来足以使演说一败涂地的缺陷，后来竟都变成了使他获得巨大成功的不可缺少的条件。经过不懈的努力，他后来成了深受美国人民爱戴的总统。

与罗斯福一样，我们每个人的一生都会多多少少遭遇到一些不幸，在自己的工作中也会碰到一些无法弥补的损失，有的人会因此而自暴自弃，破罐子破摔，结果很快堕落；有的人则会坚强地面对不幸，积极地寻找办法，在不幸中去寻找新的出路。

在法国一个偏僻的小镇，据传有一个特别灵验的水泉，常会出现神迹，可以医治各种疾病。有一天，一个拄着拐杖，少了一条腿的退伍军人，一跛一跛地走过镇上的马路，旁边的居民带着同情的口吻说："可怜的家伙，难道他要向上帝祈求再有一条腿吗？"这一句话被退伍军人听到了，他转过身对他们说："不，我不是要向上帝祈求有一条新的腿，而是要祈求他帮助我，教我没有一条腿之后如何生活。"爱达斯石油公司的总裁总是用这个故事教育他的员工。他认为只有那些在没有一条腿之后，还积极争取把路走好的员工才是公司的脊梁，只有他们才是困难的敌

No Excuse !

人，因为他们"总有克服困难的办法"。

有一位青年在美国某石油公司工作，他所做的工作就是巡视并确认石油罐盖有没有自动焊接好。石油罐在输送带上移动至旋转台上，焊接剂便自动滴下，沿着盖子回转一周，这样的焊接技术耗费的焊接剂很多，公司一直想改造，但又觉得太困难，试过几次也就算了。而这位青年并不认为真的找不到改进的办法，他每天观察罐子的旋转，并思考改进的办法。

经过他的观察，他发现每次焊接剂滴落39滴，焊接工作便结束了。他突然想到：如果能将焊接剂减少一两滴，是不是能节省点成本？于是，他经过一番研究，终于研制出37滴型焊接机。但是，利用这种机器焊接出来的石油罐偶尔会漏油，并不理想。但他不灰心，又寻找新的办法，后来研制出38滴型焊接机。这次改造非常完美，公司对他的评价很高，不久便生产出这种机器，改用新的焊接方式。

也许，你会说：节省一滴焊接剂有什么了不起？但"一滴"却给公司带来了每年5亿美元的新利润。这位青年，就是后来掌握全美制油业95%实权的石油大王——约翰·戴维森·洛克菲勒。

现代心理学的研究表明，在困难面前积极想办法的态度会激发我们的潜在智慧，因为我们大多数人的智力在平常都处于半开发的状态，而一个人在兴奋和激动的时候会有意想不到的智力表现，因此一些成功

No Excuse !

的企业在遇到困难的时候，非常注意营造一种动脑筋、想办法的精神氛围，他们相信天无绝人之路，无路可走的人总是那些不下工夫找路的人。

一位中国商人在谈到卖豆子时充满了一种了不起的精神和智慧。

他说，如果豆子卖得动，直接赚钱好了，如果豆子滞销，分三种办法处理：

一、让豆子沤成豆瓣，卖豆瓣。如果豆瓣卖不动，腌了，卖豆豉；如果豆豉还卖不动，加水发酵，改卖酱油。

二、将豆子做成豆腐，卖豆腐。如果豆腐不小心做硬了，改卖豆腐干；如果豆腐不小心做稀了，改卖豆腐花；如果实在太稀了，改卖豆浆；如果豆腐卖不动，放几天，改卖臭豆腐；如果还卖不动，让它长毛彻底腐烂后，改卖腐乳。

三、让豆子发芽，卖豆芽。如果豆芽还滞销，再让它长大点，改卖豆苗；如果豆苗还卖不动，再让它长大点，干脆当盆栽卖，命名为"豆蔻年华"，到城市里的各间大中小学门口摆摊和到白领公寓区开产品发布会，记住这次卖的是文化而非食品；如果还卖不动，建议拿到适当的闹市区进行一次行为艺术创作，题目是"豆蔻年华的枯萎"，记住以旁观者身份给各个报社写个报道，如成功可用豆子的代价迅速成为行为艺术家，并完成另一种意义上的资本回收，同时还可

No Excuse !

以拿点报道稿费。如果行为艺术没人看,报道稿费也拿不到,赶紧找块地,把豆苗种下去,灌溉施肥,除草捉虫,三个月后,收成豆子,再拿去卖。如上所述,循环一次。经过若干次循环,即使我没赚到钱,豆子的囤积相信不成问题,那时候,我想卖豆子就卖豆子,想做豆腐就做豆腐!

看看,在这个中国商人充满智慧的设想中,是不是有一种非要把豆子卖出去的精神?如果没有这种精神,他能爆发出如此令人惊叹的智慧吗?

No Excuse !

老板心目中的优秀员工

*

优秀的员工如同优秀的士兵，他们具有一些共同的特质，他们是具有责任感、团队精神的典范；他们积极主动，富有创造力；他们没有任何借口。任何一个老板都热忱地呼唤这样的员工。

*

每一个进入西点军校的学员，在他们的心中，都埋藏着一个当将军的梦想。若非如此，他们就不可能成为优秀的士兵。同样的，在企业里也有许多这样的优秀员工。在老板的心目中，这些优秀员工是具有责任感、团队精神的典范，他们积极主动，富有创造力。他们是企业宝贵的财富。

老板心目中的优秀员工，往往是下面这些。

（1）**不忘初衷而虚心学习的员工**。所谓初衷，就是企业的经营理念。只有始终不忘企业经营理念的员工，才可能谦虚，才可能与同事齐心协力。也只有这

No Excuse！

样，才能实现企业的使命。不忘初衷，又能谦虚学习的人，才是企业最需要的员工。

（2）**有责任意识的员工**。这就是说，处在某一职位、某一岗位的干部或员工，能自觉地意识到自己所担负的责任。有了自觉的责任意识之后，才会产生积极、圆满的工作效果。没有责任意识或不能承担责任的员工，不可能成为优秀的员工。

（3）**自动自发、没有任何借口的员工**。具有积极思想的人，在任何地方都能获得成功。那些消极、被动地对待工作，在工作中寻找种种借口的员工，是不会受到企业欢迎的。

（4）**爱护企业，和企业成为一体的员工**。除了睡觉，每个人有大半的时间在企业中度过，企业是自己的第二个家。优秀的员工，都具有企业意识，能和企业甘苦与共。

（5）**不自私而能为团体着想的员工**。应该明白，所有成绩的取得，都是团队共同努力的结果。只有把个人的实力充分地与团队形成合力，才具有价值和意义。团队精神是西点军校最重要的一种精神，在企业里也同样崇尚这一精神。

（6）**随时随地都具备热忱的员工**。人的热忱是成就一切的前提，事情的成功与否，往往是由做这件事情的决心和热忱的强弱而决定的。碰到问题，如果拥有非成功不可的决心和热忱，困难就会迎刃而解。

No Excuse !

（7）不墨守成规而经常出新的员工。我相信，每一个企业都欢迎这样的员工，因为创造力和创新能力是企业发展的永恒动力。

（8）能作正确价值判断的员工。价值判断是包括多方面的。大到对人类的看法、对人生的看法，小到对公司经营理念的看法、对日常工作的看法。

（9）有自主经营能力的员工。如果一个员工只是照上面交代的去做事以换取薪水，这是不行的。每一个人都必须以预备成为老板的心态去做事。如果这样做了，在工作上一定会有种种新发现，其个人也会逐渐成长起来。

（10）能得体支使上司的员工。所谓支使上司，也就是提出自己对所负责工作的建议，并促使上司同意；或者对上司的指令等提出自己的看法，促使上司修正。如果一个企业里连这样一个支使上司做事的人都没有，企业的发展就成问题；如果有10个能真正支使上司的人，那么企业就有光明的发展前途；如果有100个人能支使上司，那企业的发展会更加辉煌。

（11）有气概担当企业经营重任的员工。这种气概就是自信、毅力和责任心的体现，这种气概会给企业带来不可估量的价值。

No Excuse！

做最优秀的员工

*

西点告诉我们，最好的执行者，都是自动自发的人，他们确信自己有能力完成任务。这样的人的个人价值和自尊是发自内心的，而不是来自他人。也就是说，他们不是凭一时冲动做事，也不是只为了长官的称赞，而是自动自发地、不断地追求完美。

*

一位心理学家在研究过程中，为了实地了解人们对于同一件事情在心理上所反映出来的个体差异，他来到一所正在建筑中的大教堂，对现场忙碌的敲石工人进行访问。

心理学家问他遇到的第一位工人："请问你在做什么？"

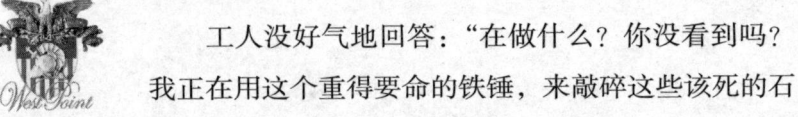

工人没好气地回答："在做什么？你没看到吗？我正在用这个重得要命的铁锤，来敲碎这些该死的石

No Excuse !

头。而这些石头又特别硬,害得我的手酸麻不已,这真不是人干的工作。"

心理学家又找到第二位工人:"请问你在做什么?"

第二位工人无奈地答道:"为了每天500美元的工资,我才会做这件工作,若不是为了一家人的温饱,谁愿意干这份敲石头的粗活?"

心理学家问第三位工人:"请问你在做什么?"

第三位工人眼光中闪烁着喜悦的神采:"我正参与兴建这座雄伟华丽的大教堂。落成之后,这里可以容纳许多人来做礼拜。虽然敲石头的工作并不轻松,但当我想到,将来会有无数的人来到这儿,再次接受上帝的爱,心中便常为这份工作献上感恩。"

同样的工作,同样的环境,却有如此截然不同的感受。

第一种工人,是完全无可救药的人。可以设想,在不久的将来,他将不会得到任何工作的眷顾,甚至可能是生活的弃儿。

第二种工人,是没有责任和荣誉感的人。对他们抱有任何指望肯定是徒劳的,他们抱着为薪水而工作的态度,为了工作而工作。他们肯定不是企业可依靠和老板可依赖的员工。

该用什么语言赞美第三种工人呢?在他们身上,看不到丝毫抱怨和不耐烦的痕迹,相反,他们是具有

No Excuse !

高度责任感和创造力的人,他们充分享受着工作的乐趣和荣誉,同时,因为他们的努力工作,工作也带给了他们足够的荣誉。他们就是我们想要的那种员工,他们是最优秀的员工。

所有西点毕业生都在西点接受过这样的教育。西点告诉学员们,最好的执行者,都是自动自发的人,他们确信自己有能力完成任务。这样的人的个人价值和自尊是发自内心的,而不是来自他人。自入学开始,西点就通过各种方式让新生明白,他们不会因为完成了任务而经常得到长官的称赞、拍肩膀。由此,他们学会了重要的一课:自我奖励。

西点鼓励学员自我奖励,它提供各种环境和经验,让学员学习从良好的表现中获得内心的满足与成就感。也就是说,他们不是凭一时冲动做事,也不是只为了长官的称赞,而是自动自发地、不断地追求完美。

西点让学员明白,快乐就是最好的奖励。通过4年的西点生活,学员们学会了在任何时候建立起自己内心的标准与满足感。是否成功地完成了一件任务,自己心里最清楚。

第三种工人,完美地体现了西点的哲学:自动自发,自我奖励,视工作为快乐。这样的工作哲学,是每一个企业都乐于接受和推广的。持有这种工作哲学的员工,就是每一个企业所追求和寻找的员工。他所

No Excuse !

在的企业、他的工作,也会给他最大的回报。

或许在过去的岁月里,有的人时常怀有类似第一种或第二种工人的消极看法,每天常常谩骂、批评、抱怨、四处发牢骚,对自己的工作没有丝毫激情,在生活的无奈和无尽的抱怨中平凡地生活着。

不论您过去对工作的态度究竟如何,都并不重要,毕竟那已经过去了,重要的是,从现在起,您未来的态度将如何?

让我们像第三种工人那样,做最优秀的员工吧,并时常怀抱着一颗感恩的心!

No Excuse !

全力以赴

*

不要只知道抱怨老板，却不反省自己。如果我们不是仅仅把工作当成一份获得薪水的职业，而是把工作当成是用生命去做的事，自动自发，全力以赴，我们就可能获得自己所期望的成功。

*

大部分青年人，好像不知道职位的晋升，是建立在忠实履行日常工作职责的基础上的，只有全力以赴、尽职尽责地做好目前所做的工作，才能使自己渐渐地获得价值的提升。相反，许多人在寻找自我发展机会时，常常这样问自己："做这种平凡乏味的工作，有什么希望呢？"

可是，就是在极其平凡的职业中、极其低微的岗位上，往往蕴藏着巨大的机会。只有把自己的工作做得比别人更完美、更迅速、更正确、更专注，调动自己全部的智力，全力以赴，从平凡的工作中找出新的

No Excuse！

工作方法来，才能引起别人的注意，自己也才会有发挥本领的机会，以满足心中的愿望。

杰克在国际贸易公司上班，他很不满意自己的工作，愤愤地对朋友说："我的老板一点也不把我放在眼里，改天我要对他拍桌子，然后辞职不干。"

"你对公司业务完全弄清楚了吗？对他们做国际贸易的窍门都搞通了吗？"他的朋友反问。

"没有！"

"君子报仇三年不晚，我建议你好好地把公司的贸易技巧、商业文书和公司运营完全搞通，甚至把如何修理复印机的小故障都学会，然后辞职不干。"朋友说，"你用他们的公司，做免费学习的地方，什么东西都会了之后，再一走了之，不是既有收获又出了气吗？"

杰克听从了朋友的建议，从此便默记偷学，下班之后，也留在办公室研究商业文书。

一年后，朋友问他："你现在把许多东西都学会了，可以准备拍桌子不干了吧？"

"可是我发现近半年来，老板对我刮目相看，最近更是不断委以重任，又升官、又加薪，我现在是公司的红人了！"

"这是我早就料到的！"他的朋友笑着说，"当初老板不重视你，是因为你的能力不足，却又不努力学习；而后你痛下苦功，能力不断提高，老板当然会对

No Excuse！

你刮目相看。"

不要只知道抱怨老板，却不反省自己。如果我们不是仅仅把工作当成一份获得薪水的职业，而是把工作当成是用生命去做的事，自动自发，全力以赴，我们就可能获得自己所期望的成功。成功者和失败者的分水岭在于成功者无论做什么，都力求达到最佳境地，丝毫不会放松；成功者无论做什么职业，都不会轻率疏忽。

许多年轻人之所以失败，就是败在做事轻率这一点上。这些人对于自己所做的工作从来不会做到尽善尽美。

休斯·查姆斯在担任"国家收银机公司"销售经理期间曾面临着一种最为尴尬的情况：该公司的财政发生了困难。这件事被在外头负责推销的销售人员知道了，并因此失去了工作的热忱，销售量开始下跌。到后来，情况更为严重，销售部门不得不召集全体销售员开一次大会，全美各地的销售员皆被召去参加这次会议。查姆斯主持了这次会议。

首先，他请手下最佳的几位销售员站起来，要他们说明销售量为何会下跌。这些被唤到名字的销售员一一站起来以后，每个人都有一段最令人震惊的悲惨故事要向大家倾诉：商业不景气，资金缺少，人们都希望等到总统大选揭晓以后再买东西等等。

当第五个销售员开始列举使他无法完成销售配额

No Excuse !

的种种困难时，查姆斯突然跳到一张桌子上，高举双手，要求大家肃静。然后，他说道："停止，我命令大会暂停10分钟，让我把我的皮鞋擦亮。"

然后，他命令坐在附近的一名黑人小工友把他的擦鞋工具箱拿来，并要求这名工友把他的皮鞋擦亮，而他就站在桌子上不动。

在场的销售员都惊呆了。他们有些人以为查姆斯发疯了，人们开始窃窃私语。在这时，那位黑人小工友先擦亮他的第一只鞋子，然后又擦另一只鞋子，他不慌不忙地擦着，表现出一流的擦鞋技巧。

皮鞋擦亮之后，查姆斯给了小工友一毛钱，然后发表他的演说。

他说："我希望你们每个人，好好看看这个小工友。他拥有在我们整个工厂及办公室内擦鞋的特权。他的前任是位白人小男孩，年纪比他大得多。尽管公司每周补贴他5元的薪水，而且工厂里有数千名员工，但他仍然无法从这个公司赚取足以维持他生活的费用。

"这位黑人小男孩不仅可以赚到相当不错的收入，既不需要公司补贴薪水，每周还可以存下一点钱来，而他和他的前任的工作环境完全相同，也在同一家工厂内，工作的对象也完全相同。

"现在我问你们一个问题，那个白人小男孩拉不到更多的生意，是谁的错？是他的错还是顾客的错？"

No Excuse !

那些推销员不约而同地大声说：

"当然了，是那个小男孩的错。"

"正是如此。"查姆斯回答说，"现在我要告诉你们，你们现在推销收银机和一年前的情况完全相同：同样的地区、同样的对象以及同样的商业条件。但是，你们的销售成绩却比不上一年前。这是谁的错？是你们的错，还是顾客的错？"

同样又传来如雷般的回答：

"当然，是我们的错！"

"我很高兴，你们能坦率承认自己的错。"查姆斯继续说，"我现在要告诉你们，你们的错误在于，你们听到了有关本公司财务发生困难的谣言，这影响了你们的工作热忱，因此，你们就不像以前那般努力了。只要你们回到自己的销售地区，并保证在以后30天内，每人卖出5台收银机，那么，本公司就不会再发生什么财务危机了。你们愿意这样做吗？"

大家都说"愿意"，后来果然办到了。那些他们曾强调的种种借口：商业不景气，资金缺少，人们都希望等到总统大选揭晓以后再买东西等等，仿佛根本不存在似的，统统消失了。

你工作的质量往往会决定你生活的质量。在企业里随处可见这样的人，他们的目标只是想过一天算一天，他们不断地抱怨自己的环境，就像是一块浮木，在人生之海上随波逐流，能找到怎样的工作，便担任

No Excuse !

怎样的职务，而且做事情能省力就省力。他们最高兴的是午餐时间、发薪日以及5点钟下班的时候。他们混过一天，回到家，一边喝啤酒一边看电视。难道这就是一切吗？在工作中应该严格要求自己，能做到最好，就不能允许自己只做到次好；能完成100%，就不能只完成99%。不论你的工资是高还是低，你都应该保持这种良好的工作作风。每个人都应该把自己看成是一名杰出的艺术家，而不是一个平庸的工匠，应该永远带着热情和信心去工作，应该全力以赴，不找任何借口。得过且过的人在任何一个组织都很难升到中层职位以上。

No Excuse !

No Excuse! V 超越雇佣关系

No Excuse !

工作是我们要用生命去做的事

*

工作不是我们为了谋生才做的事，而是我们要用生命去做的事。工作就是付出努力。没有卑微的工作，只有卑微的工作态度，而工作态度完全取决于我们自己。

*

你在这个世界中将找到什么样的工作？你的工作将是什么？从根本上说，这不是一个关于干什么事和得什么报酬的问题，而是一个关乎生命的问题。工作就是付出努力。正是为了成就什么或获得什么，我们才要专注，并在那个方面付出精力。从这个本质而言，工作不是我们为了谋生才做的事，而是我们要用生命去做的事。

工作是上天赋予的使命。把自己喜欢的并且乐在其中的事情当成使命来做，就能发掘出自己特有的能力。其中最重要的是能保持一种积极的心态，即使是

No Excuse！

辛苦枯燥的工作，也能从中感受到价值，在你完成使命的同时，会发现成功之芽正在萌发。

如果年轻的厨师想早日使自己的手艺精湛，仅仅想着"我要做美味的料理"就以为能实现心愿，那简直是天方夜谭！如果不只是"要做美味的料理"，而是抱持"做美味的料理是上天赐予我的最完美的工作"的念头，料理的手艺就能进步了。为什么呢？因为如果这样想的话，做菜这件事就会变成一件愉快的事情了。

即使是拥有相同条件的经营者，一个抱持着"个人利益最大化"思想的人与一个认为"工作是上天赋予的使命，完成使命关系着人类幸福"的人，两者所得到的结果将是完全不同的。如果能想着"工作是最完美的使命"或"完成这个工作是自己的使命"的话，就不会产生工作是公司委派的任务或因为上司的命令才行动这样的情绪。

做事的第一步是学会如何去做。事情可以做好，也可以做坏。可以高高兴兴和骄傲地做，也可以愁眉苦脸和厌恶地做。如何去做，这完全在于我们，这是一个选择的问题。以下这句话也许是古罗马斯多葛派哲学家们提供给人类的最伟大的见解：没有卑微的工作，只有卑微的工作态度，而我们的工作态度完全取决于我们自己。

一个人的工作，是他亲手制成的雕像，是美丽还是丑恶，可爱还是可憎，都是由他一手造成的。而一

No Excuse !

个人的一举一动,无论是写一封信,出售一件货物,或是打一个电话,都在说明雕像或美或丑,或可爱或可憎。

一个人所做的工作,就是他人生的部分表现。而一生的职业,就是他志向的表示、理想的所在。所以,了解一个人的工作,在某种程度上就是了解其本人。

如果一个人轻视他自己的工作,而且做得很粗陋,那么他绝不会尊敬自己。如果一个人认为他的工作辛苦、烦闷,那么他的工作绝不会做好,这一工作也无法发挥他内在的特长。在社会上,有许多人不尊重自己的工作,不把自己的工作看成干事业的要素和完善自身人格的工具,而视为衣食住行的必需,认为工作是生活的代价、是不可避免的劳碌,这是多么错误的观念啊!常常抱怨工作的人,终其一生,绝不会有真正的成功。抱怨和推诿,其实是懦弱的自白。

工作就是付出努力实现自我的过程。最令人满意的工作就是在工作中我们能表现自己的才能和得到社会的认可。一个人对工作所持的态度,和他本人的个性、做事的才能有着密切的关系。要看一个人能否实现自己的人生理想,只要看他工作时的精神和态度就可以了。如果某人做事的时候,感到受了束缚,感到所做的工作劳碌辛苦,没有任何趣味可言,那么他绝不会做出伟大的成就。

No Excuse !

　　不论做何事，务必竭尽全力，是否具备这种精神可以决定一个人日后事业上的成功与否。一个人工作时，如果能以自强不息的精神、火焰般的工作热忱，充分发挥自己的特长，那么不论所做的工作怎样，都不会觉得劳苦。如果我们能以充分的热忱去做最平凡的工作，也能成为最精巧的工人；如果以冷淡的态度去做最高尚的工作，也不过是个平庸的工匠。倘若能处处以主动、努力的精神来工作，那么即使在最平凡的职业中，也能增加他的威望和财富。

　　不管你的工作看起来是怎样的卑微，你都应当以饱满的精神和十二分的工作热忱来对待。在任何情形之下，都不要厌弃自己从事的工作，厌恶自己的工作，最终也会遭到工作的厌恶。如果你为环境所迫而做一些乏味的工作，你也应当设法从这些乏味的工作中找出乐趣来。要懂得，凡是应当做而又必须做的事情，总能找出事情的乐趣，这是我们对于工作应抱的态度。有了这种态度，无论做什么工作，都能有很好的成效。

No Excuse !

怀抱一颗感恩的心

*

　　一个人的成长，要感谢父母的恩情，感谢国家的恩惠，感谢师长的恩惠，感谢大众的恩惠。感恩不但是美德，感恩是一个人之所以为人的基本条件！不要忘了感谢你周围的人、你的上司和同事，感谢给你提供机会的公司。你是否曾经想过，写一张字条给上司，告诉他你是多么热爱自己的工作，多么感谢工作中获得的机会。

*

　　为什么我们能够轻而易举地原谅一个陌生人的过失，却对自己的老板和上司耿耿于怀呢？为什么我们可以为一个陌路人的点滴帮助而感激不尽，却无视朝夕相处的老板的种种恩惠，将一切视为理所当然？如果我们在工作中不是动辄就寻找借口来为自己开脱，而是能怀抱着一颗感恩的心，情况就会大不一样。

　　成功守则中有条黄金定律：待人如己。也就是凡

No Excuse！

事为他人着想，站在他人的立场上思考。"你是一名雇员时，应该多考虑老板的难处，给老板一些同情和理解；当自己成为一名老板时，则需要考虑雇员的利益，对他们多一些支持和鼓励。"

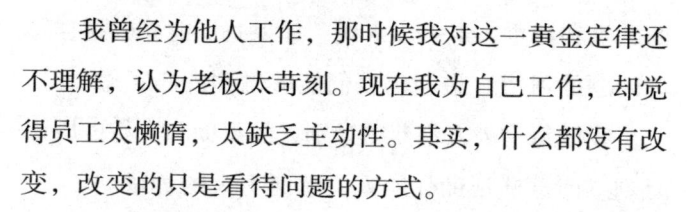

我曾经为他人工作，那时候我对这一黄金定律还不理解，认为老板太苛刻。现在我为自己工作，却觉得员工太懒惰，太缺乏主动性。其实，什么都没有改变，改变的只是看待问题的方式。

这条黄金定律不仅仅是一种道德法则，它还是一种动力，能推动整个工作环境的改善。当你试着待人如己，多替老板着想时，你身上就会散发出一种善意影响并感染包括老板在内的周围的人。这种善意最终会回馈到你自己身上。如果今天你从老板那里得到一份同情和理解，很可能就是以前你在与人相处时遵守这条黄金定律所产生的连锁反应。

其实，经营管理一家公司或一个部门是件复杂的工作，会面临种种烦琐的问题。来自客户、来自公司内部的巨大压力，随时随地都会影响老板的情绪。要知道老板也是普通人，有自己的喜怒哀乐，有自己的缺陷。他之所以成为老板，并不是因为完美，而是因为有某种他人所不具备的天赋和才能。因此，首先我们需要用对待普通人的态度来对待老板。

许多人总是对自己的上司不理解，认为他们不近人情、苛刻，甚至认为他们可能会阻碍有抱负的人获

No Excuse !

得成功。无论对上司、对工作环境，还是对公司、对同事，总是有这样那样的不满意和不理解。

同情和宽容是一种美德，如果我们能设身处地为老板着想，怀抱一颗感恩的心，或许能重新赢得老板的欣赏和器重。退一步来说，如果我们能养成这样思考问题的习惯，最起码我们能够做到内心宽慰。

我们每一个人都获得过别人的帮助和支持，应该时刻感谢这些帮助你的人，感谢上天的眷顾。

一个人的成长，要感谢父母的恩情，感谢国家的恩惠，感谢师长的恩惠，感谢大众的恩惠。没有父母养育，没有师长教诲，没有国家爱护，没有大众助益，我们如何能存于天地之间？所以，感恩不但是美德，感恩还是一个人之所以为人的基本条件！

今日的一些年轻人，自从来到尘世间，都是受父母的呵护，受师长的指导。他们对世界未有一丝贡献，却牢骚满怀，抱怨不已，看这不对，看那不好，视恩义如草芥，只知仰承天地的甘露之恩，不知道回馈，由此足见内心的贫乏。

现代一些中年人，虽有国家的栽培，上司的提携，自己尚未能发挥所长，贡献于社会，却也不满现实，诸多委屈，好像别人都对他不起，愤愤不平。因此，在家庭里，难以成为善良的家长；在社会上，难以成为称职的员工。

羔羊跪乳，乌鸦反哺，动物尚且感恩，何况我们

No Excuse !

作为万物之灵长的人类呢？我们从家庭到学校，从学校到社会，重要的是要有感恩之心。

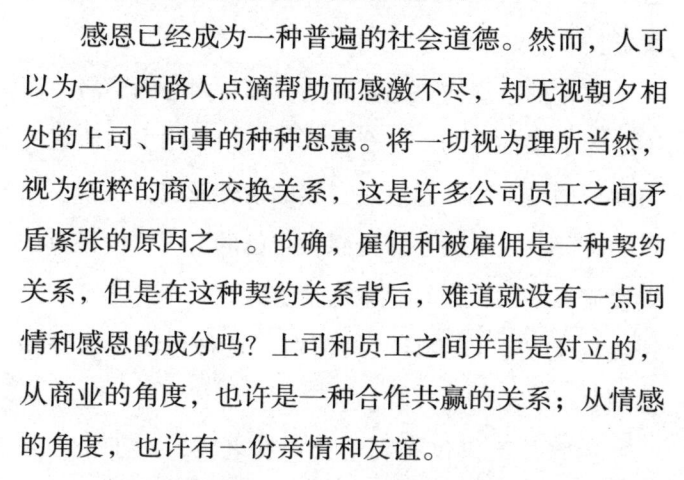

感恩已经成为一种普遍的社会道德。然而，人可以为一个陌路人点滴帮助而感激不尽，却无视朝夕相处的上司、同事的种种恩惠。将一切视为理所当然，视为纯粹的商业交换关系，这是许多公司员工之间矛盾紧张的原因之一。的确，雇佣和被雇佣是一种契约关系，但是在这种契约关系背后，难道就没有一点同情和感恩的成分吗？上司和员工之间并非是对立的，从商业的角度，也许是一种合作共赢的关系；从情感的角度，也许有一份亲情和友谊。

你是否曾经想过，写一张字条给上司，告诉他你是多么热爱自己的工作，多么感谢工作中获得的机会。这种深具创意的感谢方式，一定会让他注意到你，甚至可能提拔你。感恩是会传染的，老板也同样会以具体的方式来表达他的谢意，感谢你所提供的服务。

不要忘了感谢你周围的人、你的上司和同事，感谢给你提供机会的公司，因为他们了解你、支持你。大声说出你的感谢，让他们知道你感激他们的信任和帮助。请注意，一定要说出来，并且要经常说！这样可以增强公司的凝聚力。

永远都需要感谢。推销员遭到拒绝时，应该感谢顾客耐心听完自己的解说，这样才有下一次惠顾的机

No Excuse！

会！上司批评你时，应该感谢他给予的种种教诲。感恩不花一分钱，却是一项重大的投资，对于未来极有助益！

真正的感恩应该是真诚的，发自内心的感激，而不是为了某种目的，迎合他人而表现出的虚情假意。与溜须拍马不同，感恩是自然的情感流露，是不求回报的。一些人从内心深处感激自己的上司，但是由于惧怕流言蜚语，而将感激之情隐藏在心中，甚至刻意地疏离上司，以表自己的清白。这种想法是何等幼稚啊！

感恩并不仅仅有利于公司和老板，对于个人来说，感恩是丰富的人生。它是一种深刻的感受，能够增强个人的魅力，开启神奇的力量之门，发掘出无穷的智能。感恩也像其他受人欢迎的特质一样，是一种习惯和态度。

感恩和慈悲是近亲。时常怀有感恩的心，你会变得更谦和、可敬且高尚。每天都用几分钟时间，为自己能有幸成为公司的一员而感恩，为自己能遇到这样一位老板而感恩。

"谢谢你""我很感激你"，这些话应该经常挂在嘴边。以特别的方式表达你的感谢之意，付出你的时间和心力，为公司更加勤奋地工作，比物质的礼物更可贵。

当你的努力和感恩并没有得到相应的回报，当你

No Excuse !

准备辞职调换一份工作时，同样也要心怀感激之情。每一份工作、每一个老板都不是尽善尽美的。在辞职前仔细想一想，自己曾经从事过的每一份工作，多少都存在着一些宝贵的经验与资源。失败的沮丧、自我成长的喜悦、严厉的上司、温馨的工作伙伴、值得感谢的客户……这些都是人生中值得学习的经验。如果你每天能带着一颗感恩的心去工作，相信工作时的心情自然是愉快而积极的。

No Excuse !

带着热情去工作

*

热情,就是一个人保持高度的自觉,就是把全身的每一个细胞都调动起来,完成他内心渴望完成的工作。所有的人都具备工作的热情,只不过有的人习惯于将热情深深地埋藏起来。带着热情去工作吧!

很难想象,一个没有热情的员工能始终如一地高质量地完成自己的工作,更别说做出创造性的业绩了。

*

热情,就是一个人保持高度的自觉,就是把全身的每一个细胞都调动起来,完成他内心渴望完成的工作。热情是一种强劲的激动情绪,一种对人、事、物和信仰的强烈情感。热情的发泄可以产生善、恶两种截然不同的力量。历史上有许多依靠个人热情改变现实的事迹。每一个爱情故事、历史巨变——不论是社

No Excuse !

会、经济、哲学或是艺术，都因有热情的个人参与才得以进行。

拿破仑发动一场战役只需要两周的准备时间，换成别人那会需要一年。这中间之所以会有这样的差别，正是因为他那无与伦比的热情。战败的奥地利人目瞪口呆之余，也不得不称赞这些跨越了阿尔卑斯山的对手："他们不是人，是会飞行的动物。"

拿破仑在第一次远征意大利的行动中，只用了15天时间就打了6场胜仗，缴获了21面军旗，55门大炮，俘虏15000人，并占领了皮德蒙德。

在拿破仑这次辉煌的胜利之后，一位奥地利将领愤愤地说："这个年轻的指挥官对战争艺术简直一窍不通，用兵完全不合兵法，他什么都做得出来。"但拿破仑的士兵也正是以这么一种根本不知道失败为何物的热情跟随着他们的长官，从一个胜利走向另一个胜利。

我们敬佩拿破仑，但我们更应该赞美拿破仑手下那些具有无比热情的士兵，他们才是最伟大的人。

一旦缺乏热情，军队无法克敌制胜；一旦缺乏热情，人类不会创造出震撼人心的音乐，不会建造出富丽堂皇的宫殿，不能征服自然界各种强悍的力量，不能用诗歌去打动心灵，不能用无私崇高的奉献去感动这个世界；如果缺乏热情，你即使有多么美好的愿望，也无法变为现实。也正是因为热情，伽利略才举

No Excuse !

起了他的望远镜，最终让整个世界都为之信服；哥伦布才克服了艰难险阻，领略了巴哈马群岛清新的晨曦。凭借着热情，自由才获得了胜利；凭借着热情，弥尔顿、莎士比亚才在纸上写下了他们不朽的诗篇。

有人问我，是不是所有的人都具备工作热情。绝对正确，每一个人都有，也许隐藏在恐惧之后，可是总在那儿。热情是实现愿望最有效的工作方式。如果你能够让人们相信，你的愿望确实是你自己想要实现的目标，那么即使你有很多缺点别人也会原谅你。只有那些对自己的愿望有真正热情的人，才有可能把自己的愿望变成美好的现实。

人是很奇妙的，我相信人性能创造奇迹。多年来我看过许多人都能有意识地创造人生，而不是漫无目的地度过一生。又有多少次，那些最初觉得自己不可能把握自己、施展力量的人，最后却都能扭转乾坤。

每个人内心都有热情，能感受强烈的情绪，可是没有几个人能依此情感行动，他们习惯于将热情深深地埋藏起来。

曾经有一次，有三个人做了一个小游戏：同时在纸片上把他们曾经见过的性格最好的朋友的名字写下来，还要解释为什么选这个人。结果公布后，第一个人解释了他为什么会选择他所写下的那个人："每次他走进房间，给人的感觉都是容光焕发，好像生活又焕然一新。他热情活泼，乐观开朗，总是非常振奋

No Excuse !

人心。"

第二个人也解释了他的理由："他不管在什么场合，做什么事情，都是尽其所能、全力以赴。"

第三个人说："他对一切事情都尽心尽力。"

这三个人是美国几家大刊物的记者，他们见多识广，几乎踏遍了世界的每一个角落，结交过各种各样的朋友。他们互相看了对方纸片上的名字之后，发现他们竟然不约而同地写上了澳大利亚墨尔本一位著名律师的名字，这正是因为这个律师拥有无以伦比的热情。

对待工作没有任何借口，就必须具有足够的热情。带着热情去工作吧！很难想象，一个没有热情的员工能始终如一地高质量地完成自己的工作，更别说做出创造性的业绩了。

No Excuse !

选择激情，选择完美

*

每个人都应该珍惜自己的自由、选择和责任，并能在自由的选择和责任的担当中展现自己的力量和智慧，收获自己创造的欢乐。把工作与快乐连结起来，选择激情，就是选择完美。

*

一位在海军服役的朋友讲过这样一件事。当年他在一艘驱逐舰上服役，有一次他所在的舰艇与另两艘舰艇一起训练。碰巧的是，这三艘舰艇出自同一个造船厂、来自同一份设计图纸，在六个月的时间里先后被配备到同一个战斗群中。派到这三艘舰艇上的人员也基本相同，船员们经过同样的训练课程，并从同一个后勤系统中获得补给和维修服务。然而，在训练中三艘舰艇的表现却迥然不同。

其中的一艘似乎永远也不能正常工作，它无法按照操作安排进行训练，在训练中表现很差劲，舰艇很

No Excuse！

脏，水手的制服看上去皱皱巴巴的，整艘舰艇弥漫着一种缺乏自信的气氛。另一艘也不断出现一些大的毛病，表现平平。只有他所在的舰艇没有出现大的事故，在训练和检查中表现出色，而且，最重要的是，每次任务都完成得非常完满，船员们信心十足，斗志昂扬。

我对这个故事很感兴趣，很想知道是什么原因造成这三艘舰艇有如此的不同表现。我的海军朋友告诉我说：因为舰上的指挥官和船员们的责任状况不同。他所在的舰艇是由责任感强的管理者领导的，而其他两艘不是。

他所在舰艇的舰长是个善于调动每个水兵的责任激情的头儿，他总能找到一些办法让每个水兵时刻意识到自己的职责，并对自己的职责保持旺盛的激情，尤其是他从不将自己的责任推卸到下级，是自己的问题就自己承担，是别人的问题就帮别人找到问题，同时提醒他意识到自己的责任。整个舰艇充满了各尽其职、上下互动的激情，从而使舰艇保持了最佳的工作状态。而另外两艘舰艇的头儿不仅不重视调动大家的责任激情，反而遇事就急于找借口："发动机出毛病了！"或者"我们不能从供应中心得到需要的零件。"上级如此，下级仿效，导致了整个舰艇被一种不负责任的情绪笼罩着，以致问题百出。

这个故事让我想起了另一件事。在我认识的企业

No Excuse！

家中，最令我钦佩的不是那些巨型企业的掌门人，而是一位名不见经传的企业家。从创业伊始，他就从来不对员工做冗长的说教，订制度也是能简则简。每天早晨上班后的必修课就是与员工一起跳欢快的集体舞，朗读励志经典，然后与每个人相互击掌，说一声"你是最棒的！"经过这样简短的"早课"，每个人脸上都洋溢出热情的笑容。无论你上班前有多少烦恼，一踏入公司就会被这快乐的氛围所感染，进入轻松愉快的工作状态。对员工而言，这个公司有着难以言喻的魔力。优美的音乐，轻松的谈笑，平时热情的鼓励，生日温馨的祝福，这一切都把工作与好心情联系在一起。甚至连"惩罚"都富有人情味——如规定谁若上班迟到十分钟以上，就请他拿出十元钱买糖果给大家吃。这样"松散"管理的结果却是员工极少迟到，反而为工作自觉自愿地加班加点。当然，他领导的公司经过几年快速的成长，早已经可以傲视同侪了。

把工作与快乐连结起来，选择激情，选择完美，是尽职尽责的激情让他们显得与众不同。因此，一个出色的管理者自己并不一定是全能的，但只要他能调动下级的责任激情，他就是全能的。同样，一个负责的管理者不仅是一个让自己具有责任激情的人，也是一个善于调动下级的责任激情的人。

有这样一个古老的故事。有一天，两个孩子设计了一个圈套，想挑战一位智慧老人。他们抓到了一只

No Excuse !

小鸟,来到老人面前。一个孩子把小鸟捂在自己的手里对老人说:"智慧老人,你能不能告诉我,我手里的这只小鸟是活的还是死的?"老人默默地凝视着两个孩子,然后说:"如果我告诉你,你手里的鸟是活的,你就会捏死它;如果我说这只鸟是死的,你就会张开手,让它自由地飞走。孩子,你的手现在掌握着能决定生死的权力。你可以选择毁灭它、结束它的生命和这个生命的歌唱,你也可以选择给这只鸟自由,这样它就会有自己的未来,发挥自己的所有潜力。你当然会明智地在生和死之间做出选择。如果你让我的回答来决定这只鸟的命运,你就会失去本来属于你的权力,同时你也就放弃了去做出正确选择的责任,放弃了展现自己的力量和智慧的欢乐。"

两个孩子满意地回到了山下,他们变得更聪明了。这位老人尊重这两个孩子挑战权威的愿望,也尊重他们对自己的智慧和能力的测试,但老人也洞察到在这两个孩子反叛的行为下面有着放弃自我责任的潜在心理,因此,他有意不配合孩子的提问,这样就唤起了他们的自我责任感,有助于他们的成长。

在这位老人的做法中,我们一定会获得很多的启示,应该让员工珍惜自己的自由、选择和责任,也让他们能在自由的选择和责任的担当中展现自己的力量和智慧,并收获自己创造的欢乐。而现代企业的员工也应该从这两个孩子的行为中,得到一些有益的启

Ⅴ 超越雇佣关系

No Excuse !

示：我们是否能在上级的启发中体察到我们的自由、选择和责任，能否将理性的工作变为一种激情生活？

No Excuse！

自动自发地工作

*

我们常常认为只要准时上班，按点下班，不迟到，不早退就是完成工作了，就可以心安理得地去领工资了。其实，工作首先是一个态度问题，工作需要热情和行动，工作需要努力和勤奋，工作需要一种积极主动、自动自发的精神。自动自发地工作的员工，将获得工作所给予的更多的奖赏。

*

坦诚地说，我们所看到的许多年轻人，大多数是茫然的。他们每天在茫然中上班、下班，到了固定的日子领回自己的薪水，高兴一番或者抱怨一番之后，仍然茫然地去上班、下班……他们从不思索关于工作的问题：什么是工作？工作是为什么？可以想象，这样的年轻人，他们只是被动地应付工作，为了工作而工作，他们不可能在工作中投入自己全部的热情和智

No Excuse !

慧。他们只是在机械地完成任务，而不是去创造性地、自动自发地工作。

我们没有想到，我们固然是踩着时间的尾巴准时上下班的，可是，我们的工作很可能是死气沉沉的、被动的。当我们的工作依然被无意识所支配的时候，很难说我们对工作的热情、智慧、信仰、创造力被最大限度地激发出来了，也很难说我们的工作是卓有成效的。我们只不过是在"过日子"或者"混日子"罢了！

其实，工作是一个包含了诸多智慧、热情、信仰、想象和创造力的词汇。卓有成效和积极主动的人，他们总是在工作中付出双倍甚至更多的智慧、热情、信仰、想象和创造力，而失败者和消极被动的人，却将这些深深地埋藏起来，他们有的只是逃避、指责和抱怨。

工作首先是一个态度问题，是一种发自肺腑的爱，一种对工作的真爱。工作需要热情和行动，工作需要努力和勤奋，工作需要一种积极主动、自动自发的精神。只有以这样的态度对待工作，我们才可能获得工作所给予的更多的奖赏。

应该明白，那些每天早出晚归的人不一定是认真工作的人，那些每天忙忙碌碌的人不一定是优秀地完成了工作的人，那些每天按时打卡、准时出现在办公室的人不一定是尽职尽责的人。对他们来说，每天的工作可能是一种负担、一种逃避，他们并没有做到工

No Excuse !

作所要求的那么多、那么好。对每一个企业和老板而言，他们需要的绝不是那种仅仅遵守纪律、循规蹈矩，却缺乏热情和责任感，不能够积极主动、自动自发工作的员工。

工作不是一个关于干什么事和得什么报酬的问题，而是一个关于生命的问题。工作就是自动自发，工作就是付出努力。正是为了成就什么或获得什么，我们才专注于什么，并在那个方面付出精力。从这个本质的方面说，工作不是我们为了谋生才去做的事，而是我们用生命去做的事！

成功取决于态度，成功也是一个长期努力积累的过程，没有谁是一夜成名的。所谓的主动，指的是随时准备把握机会，展现超乎他人要求的工作表现，以及拥有"为了完成任务，必要时不惜打破常规"的智慧和判断力。知道自己工作的意义和责任，并永远保持一种自动自发的工作态度，为自己的行为负责，是那些成就大业之人和凡事得过且过之人的最根本区别。

明白了这个道理，并以这样的眼光来重新审视我们的工作，工作就不再成为一种负担，即使是最平凡的工作也会变得意义非凡。在各种各样的工作中，当我们发现那些需要做的事情——哪怕并不是分内的事——的时候，也就意味着我们发现了超越他人的机会。因为在自动自发地工作的背后，需要你付出的是比别人多得多的智慧、热情、责任、想象和创造力。

No Excuse !

努力工作，优劣自有评说

*

我们常常喜欢从外部环境来为自己寻找理由和借口，不是抱怨职位、待遇、工作的环境，就是抱怨同事、上司或老板，而很少问问自己：我努力了吗？我真的对得起这份工作吗？对努力工作的人，工作会给予他意想不到的奖赏。

*

不管是你的工作与你的预期有多么大的差距，或者是你的工作有多么的无聊、单调和乏味，我们能做的只能是努力工作。这一点对于刚走上社会的年轻人尤为重要。职业生涯规划专家的建议是："如果的确是没什么意义的工作，尽管无聊，也不可一味抱怨，请想些把工作变得更有趣的方法。一件工作是否无聊或有趣，是由你怎么想、怎么去完成而决定的。"

对工作永远保持乐观的态度，这也是每个人应具有的人生态度。著名主持人弗兰克先生的经历能给我

No Excuse！

们许多有益的启示。

弗兰克原本是电视台的记者，十多年过去了，一直没有发达的机会，职位和薪水也不是很理想。弗兰克自己觉得，尽管努力工作了，但公司却总是给予他最低的评价。生气的弗兰克经过一番考虑后，很想递交辞呈一走了之。在做出最后决定之前，他向职业生涯规划专家征求意见。

专家告诉他说："造成现在这种情况，你思考过是什么原因吗？你尝试过去了解你的工作、喜爱你的工作吗？你是否真正努力工作过？如果仅仅是因为对现在的工作或职位、薪水感到不满而辞去工作，你也不会有更好的选择。稍微忍耐一点，转变你的工作态度，试着从现在的工作中找到价值和乐趣，也许你会有意外的发现和收获。当你真正努力过了，到那时候再考虑辞职也不晚。"

弗兰克听从了专家的建议，他重新审视了他过去的工作经历，并试着多一些乐观的想法，于是找到了以前绝对无法体会的"乐趣"，了解到他的工作性质是可以认识很多人，也能交到很多的朋友的。自那之后，弗兰克广交朋友，于是不知不觉中，对公司的不平、不满的情绪消失了。不仅如此，数年后弗兰克在公司内得到的评价是——"擅长建立人际关系的弗兰克"。

很快，弗兰克不但获得了提升，他本人也成为美

No Excuse！

国著名的节目主持人。

我们常常喜欢从外部环境为自己寻找理由和借口，不是抱怨职位、待遇、工作的环境，就是抱怨同事、上司或老板，而很少问问自己：我努力了吗？我真的对得起这份工作吗？要知道，抱怨的越多，失去的也越多，借口只会让你一事无成。

琳达是一位西点学员的妹妹，她大学毕业后，进入了向往已久的报社当记者。虽然说是记者，却没有被指派去担任采访等工作，而是每天做一些整理别人的采访录音带之类的小事情。

做这样无聊的工作是她以前所没有料到的，而日益不满的她，甚至萌生出辞职的念头。在西点毕业的哥哥给了她这样的建议："你是幸运的，你正在接近你最喜欢的工作。如果你觉得现在的工作无聊的话，那只是你的借口，说明你并没有努力工作。你可以试着学习如何快速听写录音带，试着成为快速记录的高手。将来一定会派上用场的。因为听写一个小时的录音带，往往要耗掉三至五倍的时间，但如果精通速记的话，只要花费和录音带相同的时间就可以了，不但合理也省时。"

于是，琳达每个周末都去文化学院学习速记。她精通了速记后，变得能够自如地进行录音带的速记工作。六年以后，她以"录音带速记高手"的身份闻名各界，因其速记的"更快速、更便宜、更正确"，即使在

No Excuse！

经济不景气的时候，工作也从没间断过。

因为态度的不同，同样的工作，会干出不一样的效果；而干同样工作的人，也会有不同的体验和收获。

艾伦大学毕业后分到英国大使馆做接线员。做一个小小的接线员，是很多人觉着很没出息的工作，艾伦却在这个普通工作上做出了成绩。她将使馆所有人的名字、电话、工作范围甚至他们的家属的名字都背得滚瓜烂熟。有些电话打进来，有事不知道该找谁，她就会多问问，尽量帮对方准确地找到人。慢慢地，使馆人员有事要外出，并不是告诉他们的翻译，而是给她打电话，告诉她会有谁来电话，请转告哪些事，有很多公事、私事也委托她通知，艾伦逐渐成了全面负责大使馆留言中心的秘书。

有一天，大使竟然跑到电话间，笑眯眯地表扬她，这是破天荒的事。结果没多久，她就因工作出色而被破格调去给英国某大报记者处做翻译。

该报的首席记者是个名气很大的老太太，得过战地勋章，被授过勋爵，本事大，脾气也大，她把前任翻译给赶跑后，刚开始也不要艾伦，后来才勉强同意一试。一年后，工作出色的艾伦被破格升调到外交部，她干得又同样出色，之后获外交部嘉奖……

对努力工作的人，工作会给予他意想不到的奖赏。总是做得比应该做的更多，你就会出人头地，这

No Excuse !

是成功者与穷其一生只能服从别人的人们之间的全部差距。

No Excuse！

更好更强更完善

*

在我们的职业生涯中，我们经常面临竞争的压力和被淘汰的危险，个人如此，公司也一样，因此，只有不断地强化自己，才有一个安全并持续上升的未来。更好、更强、更完善，把自己的发展与企业的成长结合起来，在工作中与企业一起享受成长的快乐。

*

积极进取的激情不仅是战胜外在困难的动力，也是自我完善的动力。一个企业员工要做好自己的工作，并在飞速发展的技术更新和职业竞争中立于不败之地，他就要不断地自我充电，自我更新。

有这样一个寓言。有一天，龙虾与寄居蟹在深海中相遇，寄居蟹看见龙虾正把自己的硬壳脱掉，露出娇嫩的身躯。寄居蟹非常紧张地说："龙虾，你怎么可以把唯一能够保护自己身躯的硬壳也放弃呢？难道

No Excuse !

你不怕有大鱼一口把你吃掉吗？以你现在的情况来看，连急流也会把你冲向岩石，到时你不死才怪呢！"

龙虾气定神闲地回答："谢谢你的关心，但是你不了解，我们龙虾每次成长，都必须先脱掉旧壳，才能生长出更坚固的外壳，现在面对的危险，只是为了将来发展得更好而做的准备。"

寄居蟹细心思量，自己整天只找可以避居的地方，而没有想过如何令自己成长得更强壮，整天只活在别人的护荫之下，永远都限制了自己的发展。

显然，我们不能像寄居蟹那样，只安于现状，而看不到潜在的危机。还有一个寓言，对我们也很有启发。一只野狼卧在草上勤奋地磨牙，狐狸看到了，就对它说："天气这么好，大家在休息娱乐，你也加入我们的队伍吧！"

野狼没有说话，继续磨牙，把它的牙齿磨得又尖又利。狐狸奇怪地问道："森林这么静，猎人和猎狗已经回家了，老虎也不在近处徘徊，又没有任何危险，你何必那么用劲磨牙呢？"

野狼停下来回答说："我磨牙并不是为了娱乐，你想想，如果有一天我被猎人或老虎追逐，到那时，我想磨牙也来不及了。平时我把牙磨好，到那时就可以保护自己了。"

军人们经常说："平时多流汗，战时少流血。"讲

No Excuse !

的也是这个道理。这个简单的道理好像我们人人都明白，但真正要做到是不容易的。在我们的职业生涯中，我们经常面临竞争的压力和被淘汰的危险，个人如此，公司也一样，因此，只有不断地强化自己，才有一个安全并持续上升的未来。

我们都知道诺基亚曾是世界上最大的手机生产商之一，但我们不一定知道这个公司是如何起家并发展起来的。一个世纪前弗雷德里克·伊德斯特伦创建的诺基亚是一个小型造纸厂。开始几年，公司的处境很艰难，经过几十年的发展在20世纪中期出现过短暂的辉煌。到20世纪中期，公司产品主要分四个部分：木材、橡胶、缆线和电子产品。在接下来的20年里，诺基亚度过了一段困难时期。这个有百年历史的公司臃肿庞大、连连亏损，公司管理层明白公司亟待改善。

为扭转利润下滑，一个在诺基亚只有五年经历的年轻行政人员接管了不赢利的手机分部，这个人就是乔纳·奥利拉。由于工作很有成效，很快他就被任命为诺基亚总裁和首席执行官。之后，乔纳·奥利拉对诺基亚进行了全面改造，除了全力发展最有潜力的核心领域外，乔纳·奥利拉将大量的精力放在了公司的人力资源培训上。奥利拉说："今天公司的主要挑战是如何自我更新。我们必须依靠我们人力资源上的优势，而要保持我们人力资源上的优势，就必须不断充实自我，使每个诺基亚人都有发展自己的机会，有改

No Excuse !

善工作的机会。"奥利拉本人虽已获得三个硕士学位——政治学、经济学、机械工程,但他还是坚持以身作则地"学习、学习、再学习"。

奥利拉经常用这样一个故事来教育他的员工。在美国东部一所大学期终考试的最后一天,一群工程学高年级的学生将完成他们最后的测验,主考的教授说他们可以带书和笔记,但不能在测验的时候交头接耳。他们兴高采烈地冲进教室。教授把试卷分发下去。当学生们注意到只有五道评论类型的问题时,脸上的笑容更加扩大了。

三个小时过去了,教授开始收试卷。学生们看起来不再那么自信了,他们的脸上出现了焦虑。没有一个人说话,教授手里拿着试卷,面对着整个班级。他俯视着眼前那一张张焦急的面孔,然后问道:"完成五道题目的有多少人?"没有一只手举起来。

"完成四道题的有多少?"仍然没有人举手。

"三道题?两道题?"学生们开始有些不安,在座位上扭来扭去。

"一道题呢?当然有人完成一道题的。"但是整个教室仍然很沉静。

教授放下试卷,"这正是我期望得到的结果。"他说,"我只想给你们留下一个深刻的印象,即使你们已经完成了四年的工程学习,关于这项科目仍然有很多东西你们还不知道。这些你们不能回答的问题是与

No Excuse !

每天的普通生活实践相联系的。"然后他微笑着补充道,"你们都会通过这个课程,但是记住——即使你们现在已是大学毕业生了,你们的教育仍然还只是刚刚开始。"

V 超越雇佣关系